アジアのアグーの仲間たち

インド／フィリピン

アグーそっくりなインドの野豚（1972 年）

フィリピン・ルソン島のアヨー

中国／韓国／台湾

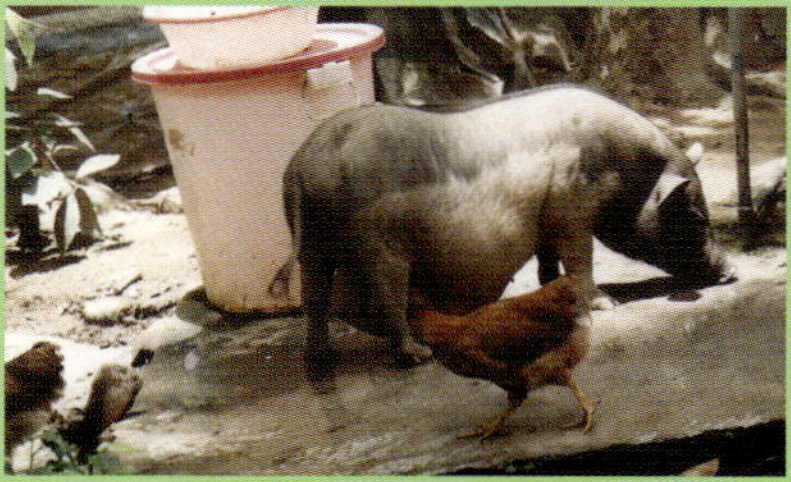
中国・海南島のアヨー

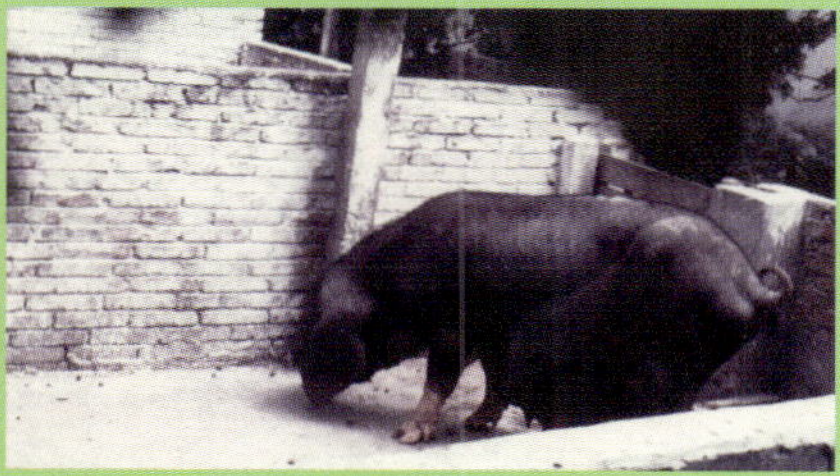
中国・東北地方の豚（1975 年・人民公社）

韓国・済州島のアグー

台湾・蘭嶼の幸せそうな親子

台湾・蘭嶼の肉付きの良いアグー

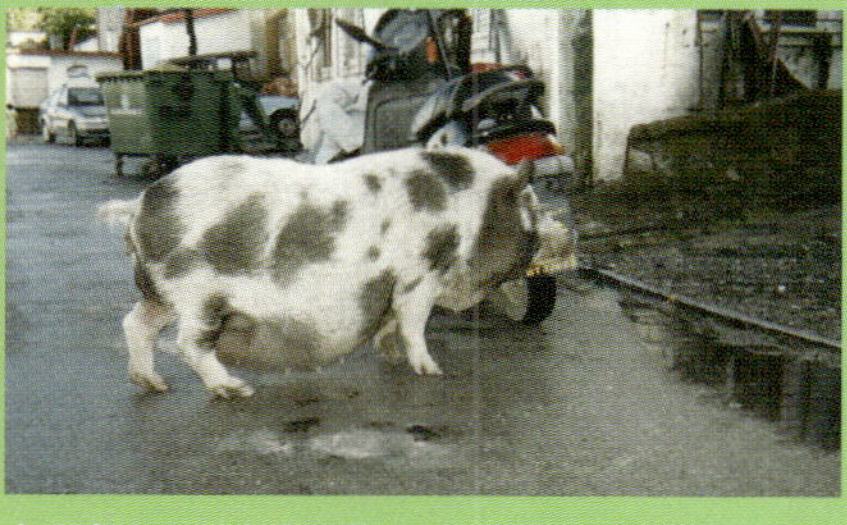
島を自由に闊歩する蘭嶼のアヨー

ミャンマー

竹製の豚舎（シャン州）

就寝中の母豚

酒造所で放し飼いの豚

涼しい場所でお昼寝中

ベトナム

豚小屋

体型がアグーそっくり

アグーの歓迎を受ける筆者

放し飼いのアグー（シーサンパンナ）

下水で憩うアグー（シーサンパンナ）

食糧探しで忙しい（シーサンパンナ）

アグーに似た黒豚（シーサンパンナ）

かなり警戒心が強い（シーサンパンナ）

フール（シーサンパンナ）

カンボジア

プノンペン近郊の豚小屋

幸せそうな母豚と子豚（プノンペン）

威風堂々とした繁殖豚（プノンペン）

アジアといってもその範囲は極めて広い。ここではインドから東側の中国、韓国、ベトナム、カンボジア、フィリピン、台湾の豚について見ることにしたい。東南アジアの人々と日本人の容姿はよく似ており、私達でさえその区別は難しい。特に中国人や台湾人、韓国人となると一層判断は難しい。ましてやヨーロッパ人やアフリカ人にはその判別は至難と思われる。逆に日本人の目からは、ヨーロッパ人やアフリカ人の判別は困難である。このように、ある一定の地域において、そこに住む人々はその地に適応した体型や生理機能は気の遠くなるような長い年月を経て獲得した結果である。

このことは人間のみならず動物や植物も同様である。アジアにおける豚の容姿が似てくるのは当然である。

これらの写真は全て著者が各地を訪問した際に撮った写真である。

復活のアグー

琉球に生きる
島豚《シマウヮー》の
歴史と文化

平川宗隆 著

ボーダーインク

はじめに

昭和初期までの沖縄の豚は島豚（シマウヮー）、すなわちアグーがほとんどで、全国一の養豚王国を誇っていた。琉球料理は豚に始まり豚で終わるといわれており、豚抜きでそれを語ることは出来ない。否、豚なくしてウチナーンチュ（沖縄人）は生きていくことは出来ない。それほどまでに豚とウチナーンチュは切っても切れない関係にある。

ところが、様々な要因によりアグーは一時期消滅の危機に瀕することとなる。これに危機感を抱いた一部の有志がアグーの遺伝子を色濃く持つ豚を収集し、戻し交配により選抜、淘汰を繰り返し努力した結果、再び現在のアグーの隆盛を見るに至った。本書はその流れを中心に展開しようという試みから、タイトルを『復活のアグー』とし、サブタイトルを『琉球に生きる島豚《シマウワー》の歴史と文化』とした。

県民食といわれる沖縄そばはダシクェームン（ダシが決め手）といわれるが、このダシの旨みとコクを一手に引き受けるのが豚骨であり鰹節である。また、そばに載せる具は砂糖醤油で甘辛く煮付けた豚の三枚肉とカマボコが基本であるが、そのバリエーションはソーキ（スペアリブ）、ティビチ（豚足）、中味（胃・小腸・大腸）など多岐にわたっている。

豚肉の長所は美味しくて安価であることはいうまでもなく、栄養学的にもビタミンB_1を多く含んだ健康食品である。ビタミンB_1は疲労回復の栄養素としてトップクラスである。その他の効用として精神を安定させる働きや、成長を促進する働きなども知られている。豚肉はそれ以外にもビタミンB_2やミネラルを多く含む有益な食肉である。

数百年の長い伝統に培われた沖縄の豚肉料理に用いられる、肉、骨、内臓はたっぷりの湯で、いったん茹でることから始まる。ていねいにアクや余分な脂肪分を取り除きながら、長時間かけて煮込まれるので、豚特有のにおいや脂っこさはなくなり、カロリーやコレステロールも抑えられることになる。

また、豚肉と取り合わせる食材には豆腐をはじめ、シブイ(冬瓜)、大根、人参、ゴーヤー、ナーベーラー（ヘチマ）など、沖縄で生産されるあらゆる野菜が挙げられるが、特記したいのは沖縄では採れない昆布が豊富に用いられることである。専門家によると、沖縄県民の長寿は酸性食品の豚肉と野菜や豆腐や海藻などのアルカリ性食品とのバランスある取り合わせが、その秘訣であると述べている。

しかしながら、近年、若年層が精肉から、ハム、ベーコン、ソーセージ、ポークランチョンミートなどの加工肉を好む傾向にあり、県産豚肉の消費量が年々減少している。

関係者にとって頭痛の種であり、その行く末が懸念されている。

このような事態に陥らないように願いを込めて本書を発刊するものである。

平川宗隆

復活のアグー／目次

第一章　繁栄と消滅、そして復活へ

第一節　アグーを知る

一、アグーの体型と特徴

古堅（1935年）による、八重山郡竹富町黒島におけるアグーの調査報告書には次のように記されている。

1　被毛は黒色または黒褐色で、長毛が密生している。
2　皮膚は薄いが、相当に硬く皮下脂肪の蓄積は非常に少ない。
3　前頭骨と鼻骨との間に陥凹がほとんどなく、ただ頭頂骨の小隆起を見るのみで猪を髣髴させる。
4　眼光冴え、やや野趣を帯び耳朶の大きさは中等大で、幅は広いが薄くて一般的に下方に軽く垂れている。
5　口はいわゆる鮫口で、上顎は長く前方に出て、下顎はこれに反して短い。
6　肩部の発達は割合に臀部より良く、四肢小長、管骨乾燥し軽快に見える蹄形は扁平である。
7　背はやや陥凹し、き甲部から次第に背の中部に向かって低く走り、再び上昇し十字部に至って最高を示し、臀部に向かって再び低下する。
8　腹部は捲縮し、肋骨の湾曲度は扁平に近い。
9　十字部の発育は不良で、むしろ狭窄している。
10　一般に痩削で骨格隆起し、あたかも中国北部の「鬼面豚」に酷似する。
11　肉量は比較的少なく、晩熟で成長が遅く肥育に時間がかかり、繁殖力は弱いようである。
12　肉は脂肪の夾雑が適度で、纖維は纖細でいわゆる肉質良好佳味である。
13　粗雑極まる飼料と、冷淡なる管理に少しも屈することなく、1年前後で屠殺することが出来る。

14　産子数最も多きは7～8頭、少なきは4頭を下らざる生産力を有するので、この種の絶滅は実に惜しむべきことである。

15　一般に１２０斤（72kg）程度までこれを肥育せしめるが、年月をかければ１８０斤（１０８kg）に達するものもある。

16　その特徴とするところは、強健で外界の感作によく耐え、病気に冒されることも少なく、不完全極まる畜舎に飼養されながら、激烈なる炎暑をものともせず、風雨に暴露されても平然としている。

17　体躯軽快で性活発なるに関わらず豚舎を壊し、これを跳び越えることもなく騒擾《そうじょう》の性は認められない。

18　これらの地方では、ほとんど自家用として飼育している。

この報告書は戦前に調査されたものであるが、当時の食料事情はかなり厳しいものであったことは想像に難くない。このような厳しい中での飼料の確保はこれまた大変だったと思われる。このような背景から豚の体型や飼養状況がこの調査に表れているような気がする。例えば2の皮下脂肪はほとんどない、とされているが現在のアグーの精肉はこの脂肪層が厚いために他の品種と同様な格付をするとほとんどが等外に格付されるほどである。しかしながら、沖縄の炎暑や風雨にさらされ、しかも冷淡なる管理や粗食に耐えながらも良質な肉を生産するアグーの特徴がよく表れている。

古堅がこの論文を発表したのは１９３５（昭和10）年であるが、そのとき既にアグーの消滅を危惧し、時勢の潮流は改良という波に押し流され、今は本県のどこへ行っても見られない根絶種となったので、この機会にまとめて参考にしていただきたいと締めている。

また、アグーの体型や特性については、沖縄県教育

在来豚アグー。沖縄県立博物館・美術館（伊藤勝一資料）提供

委員会の調査（1992・平成4年）や宮城吉通氏の記憶に基づき整理すると次のようである。

1　被毛は全身黒色で固く長い。
2　顔鼻は長く目は小さい。
3　顔には深い八字型の皺がある。
4　耳は大きく厚く垂れ、顔を覆っている。
5　背は凹み短く、腹は垂れ地面に接触しがちである。特に授乳中の母豚は顕著で乳房を地面から引きずって歩いた。
6　後躯の発達は極めて悪く、前勝ちであるが、肋張りは悪い。
7　四肢は粗大で繋ぎが悪いため、副蹄は地面に触れるほどである。
8　尾は太い。
9　体質強健で病気に強く、粗食に耐え、保育能力が優れている。

10　発育は悪いが、肉質は佳良である

二、アグーの普及

18世紀になると豚の頭数も急増し、那覇では1日50頭も屠殺されるようになる。豚肉が普及したせいか、1719年来琉した冊封使、徐葆光の頃の食糧支給に牛は見あたらない。起居（御機嫌伺い）の日に、生猪と羊（山羊）1頭を贈っている。牛の支給のない理由は、『使琉球録』に記述があるように、汪楫が農耕に重要な牛の屠殺をやめるよう王府を説得したことが功を奏したのであろうか。その頃になると庶民の間に、豚肉料理が定着しはじめ、牛肉食から豚肉食への変化が見られる。これまで冊封使の接待に要する1日20頭の豚は本島内だけでは調達できず、奄美大島や沖永良部島からも取り寄せていたことは後述する。それを解決すべく王府は屠殺業者の数を増やしたところ豚の頭数も増加し、今や首里那覇近郊の田舎の豚だけで間に合うようになったという。この頃から久米村（クニンダ）でも葬礼や先祖祭りには、豚肉料理が中心になっている。『大島筆記』（1768年）によると、乾隆27年（1762年）、12間切（村）の百姓約5千人が田仕事に出ないので、その理由をただすと王府が養豚の制限をしたことに対する抗議だという。百姓は正月、節日、祭りには必ず豚肉料理を食べているのに、倹約令のためそれを禁止されたのでもう働かないというのである。豚肉は年に3～5回しか食べられない特別なご馳走であって、日常的な食料ではなかったが、人々は豚肉のおいしさを十分に知っていたと思われる。

こうしてみてくると冊封使の食料調達のために奨励した養豚は、沖縄の気候風土に合致し、餌となるイモの導入・生産・普及とあいまって、豚の増殖をもたらし、ひいては中国料理の手法を取り入れ、豚肉を基調とした独特の食文化を形成してきたと考えられる。（金城須美子「史料にみる産物と食生活」『新沖縄文学54』及び「沖縄の肉食文化に関する一考察」『全集日本の食文化・第8巻異文化との接触と受容』参照）。

三、アグー飼養の二大目的

沖縄本島中北部や一部の離島は国頭マージと呼ばれる土が多く、本部町、読谷村、糸満市、宮古島などでは島尻マージという土が多い。一方、沖縄本島中南部にはジャーガルと呼ばれる粘土質の土が多い。長期間雨が降らないとこれらの土壌はコンクリートのように硬くなり、鋤や鍬を入れるのは容易ではない。このような土壌で農作物を栽培するためには堆厩肥を欠かすことはできない。アグーの糞尿を踏み込ませた敷料は良質の厩肥となる。アグーは「厩肥製造器」としてかけがえのない家畜であった。

また、ダムの恩恵を受けている現在でも制限給水を余儀なくされる事態がしばしばある。農家にとって今も昔も水不足との闘いは常に続いている。かつて多くの農民は、日々の食料さえままならない中、狭隘な畑での雑草除去や害虫駆除、干ばつと台風対策、さらには年貢の取り立て等に悩まされてきた。農民は苦しい生活の中から子豚の購入費を捻出し、大切に肥育したのち販売し、現金収入を得ていた。そうしたアグー飼育は魅力あるサイドビジネスであった。

四、アグーの売買

明治時代のアグーの値段

子豚ならば1豚房に2～3頭、成豚ならば1頭を飼うのが普通である。最初、雌豚を購入するときは、地方では養豚農家と相対で売買し、那覇近郊では那覇の豚市で適宜に購入することが多い。那覇の豚市には毎日、首里付近から農家の男女が成豚、子豚の別なく持ち込んでくるのが数十頭あり、これを並べて売買する。市は午前10時から始まり午後3時頃まで及ぶことがある。これらの豚を運搬する農夫は畚《もっこ》に入れて肩に担ぐことが普通であるが、農婦はこれを頭に載せ、時には2頭を並べて運ぶ者もいる。

子豚は生後1カ月ないし2カ月位のものは、その重量が30～40斤（1・8～2・4kg）で1円～1円50銭位。これを購入して豚房で飼育すること6～7カ月で70斤～80斤（42～48kg）になり、5円～6円ほどの収入となる。また、この成豚を購入し、数カ月間肥育し、1年～2年後には10円～12円で取引される（明治32年前掲紙参照）。

大正時代のアグーの値段

普通の子豚の値段は3円から8円ほどであったが、アヒャーヌジ（繁殖豚候補雌子豚）は25円以上の高値で取引された。1915（大正4）年の肉豚の1頭当たりの価格はおおむね15円で子豚は2円程度であった。

ちなみに同年の西原村長の月俸は18円程度であったことを考えるといずれもかなりの高額で取引されていたことがわかる（宮城吉通「琉球在来豚アグー」『博友第26号』参照）。

ウヮーグヮーマチ（子豚市場）

『那覇市史』によると、渡地、潟原、若狭町、西新町などに物資を集積する市場があって、各離島や近隣の農村から他の物資とともに子豚も搬入され売買された。これらの多くは那覇近郊で取引され飼育されていた。若狭町市場で売られている子豚は、ほとんど首里方面で生産されたもので、女性たちが直接搬入するか、もしくはアチョードゥーと呼ばれる仲買人が、首里真和志町のウフマチか波の上屠獣場隣のウヮーグヮーマチに運び売りさばいた。売れ残った子豚は市場隣の豚小屋に預けて翌日売った。なお、子豚以外の豚は市場では取引されず、アチョードゥー（仲買人）やウヮーサー（屠殺業者）によって直接取引された。

豚の仲買人はウヮーコーヤーまたはウヮーバクヨー（豚博労）とも呼ばれ、家々を廻り大小の豚を何頭も買って転売し、その中間マージンを稼ぐことを業《なりわい》としていた。ウヮーコーヤーは2～3組で、大きな竿秤《さおばかり》とオーダー（もっこ）を担ぎ、年長者は豚を扱う竹の鞭を持ち、豚のいそうな家々を覗いて「ウヮーコーヤビラ」（豚を買います）と大声を張り上げながら廻っていた。

農家における豚の売買は、庭先取引であったが、そのほとんどはクルバシー（目分量）であった。また、ウヮーコーヤーには自己資金で賄っているものとウチグミーといって共同出資で資金を調達しているものも少なくなかった。

豚を頭に載せて運ぶ女性

また、肉豚についてはウヮーサーが飼育者から直接購入し、屠殺解体後、シシマチ（肉市場）などで販売した（宮城吉通「琉球在来豚アグー」『博友第26号』参照）。

五、アグーの肥育

大正の頃までは、農家はアカリグヮー（離乳子豚）

を購入し、ある程度成長するとアチョードゥーに売り渡すのが一般的だった。その理由として、十分に肥育が進みシシウヮー（肉豚）として屠殺適期まで長期間飼育するのは、飼料の調達難や肥育技術の未熟さのため困難であったからである。農家はある程度肥育した後、専門の肥育農家にバトンタッチし、その売上金で次の子豚を購入し育てるのである。購入先の農家や販売先の農家とは家族同様な交際も見られた。

　子豚より大きなものはナガウヮーといわれたが、造り酒屋の豚はほとんどがナガウヮーとシシウヮーの中間的なものが多く、特にアシゲーと呼ばれた。このように豚の取引は子豚や肉豚に限らず、その中間的なナガウヮーやアシゲーなど何段階もあった。このことは後述するが豚の各部位にウチナーグチ（沖縄語）の名称があり、文化としての高度な成熟度がわかるが、豚の成長過程にまで、それぞれの名称があることはウチナーンチュの生活の中に占める豚の存在の大きさを示す証左である。

六、アグーの餌

　沖縄にイモが導入されるまでは、豚の飼料は野草などが主であり、その確保が最大の課題であった。そのため農家のサイドビジネスとしての養豚は精々１～２頭飼いが限界であったが、１６０５年に導入されたイモはやがて人々の主食として普及するようになり、養豚にも画期的な変化をもたらした。人が食用として利用しない茎葉やヒジンム（髭芋）といわれる小指ほどにもならない小さなイモやンムガー（イモの皮）は豚の格好の餌になった。シンメーナービ（大鍋）にユナジ（米のとぎ汁）を入れ、これにンムガーや野菜くずなどの食品残滓《ざんし》、手に入ればオカラやクンスー（豆腐の搾り汁）、カシジェー（泡盛蒸留粕）などを加えグツグツ煮た後、水を加えて冷まし、朝夕の2回に分けて与えていた。これをムヌガリーまたはムンガリーといった。

ンムガーは自家産で足りない時は豚を飼っていない隣近所から寄せ集めたり、市場で買うこともあった。また、子豚は発育を促すために、甘藷や米ぬか、豚脂等を入れた飼料を与えていた。このようにイモは養豚に欠かすことのできない飼料となり、豚は県下に拡散していった（宮城吉通「琉球在来豚アグー」『博友第26号』参照）。

付け加えると、フールの項で述べる人糞を与える養豚は戦前まで見られたが、餌の主体はあくまでイモであり、人糞は添え物として与えていたに過ぎない。人糞だけでは量が足りない。

七、アグーとアヨーの名称

後述する各地における豚の飼養状況の項の通り、アグーとは粟国島に由来する呼称として考えられている。すなわち粟国産の豚はアグー、渡名喜産はトナチウヮー、伊平屋産はイヒャーというが如《ごとし》で、在来の黒豚が必ずしもアグーということではなく、黒色の在来豚や交雑種の別称程度のもので島豚《シマウヮー》ともいわれていた。が、現在では品種名として使われている。

アヨーという呼称は紋様を意味する「綾《あや》」に由来し、被毛に白斑が入った豚をそう呼んでいた。１８４４年にイギリスから渡来した白色豚による改良種で、性質は温和で飼い易く、肥育性に優れ、容姿は島豚のように背はくぼんではなかったといわれてい

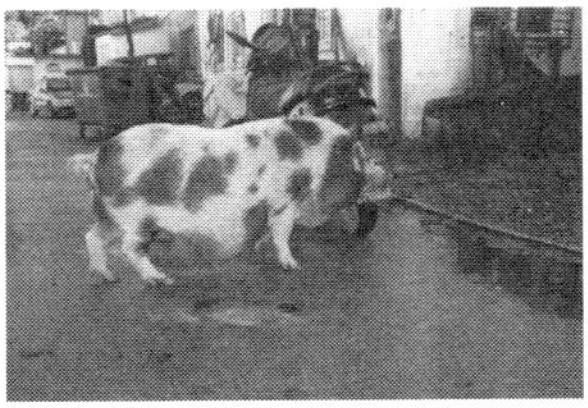

アヨーを彷彿させる台湾・蘭嶼の放し飼いの豚

る。その改良種は唐豚《トウウワー》と呼ばれ、島豚すなわちアグーとは区別されていた。

八、豚小屋（フール）の構造

戦前まで、沖縄では豚小屋とトイレが一体となったフールが存在した。つまり人が豚小屋で用を足すと、待ち受けていた豚は待っていましたとばかりに喰らいつき餌となった。このことについては拙著『沖縄トイレ世替わり』（ボーダーインク刊）に詳述されているので興味のある方は参照していただきたい。

ここではフールについて興味深い新聞投稿を紹介するので、その時代をしのんで欲しい。なお、スクラップの際、発行年月日を記入し忘れたことをお許しいただきたい。

（前略）中国で養豚が始まったのは周代以降といわれているが、その飼育法についてはよくわからないらしい。一方、湖南省長沙の後漢墓から出土した「緑釉陶猪圏（りょくゆうとうちょけん）」は、陶製の豚舎とトイレの融合した模型だそうだから、これは明らかに人糞を飼料としていたことを示すもので、どうやら沖縄の養豚法の源流はこのあたりに求められるらしいのである。かつて私が訪ねた西双版納《シーサンパンナ》のある少数民族の集落では、屋敷を低い垣で囲ってあって、高床の下に豚が放し飼いにされていた。ある朝、高床から下りてきた幼児が、やおらしゃがみこんだが、その少し離れた所で頭を低く垂れ、やや上目遣いに、その余棄にあずかろうと、ブー、ブーと唸っていたあの豚公のユーモラスな風景がどうも「緑釉陶猪圏」のプロトスタイルに思えてならないのである。

（加治工真一「琉球の食文化と豚」琉球新報『落ち穂』）

（前略）当時は各家庭の離れに石造りのウヮーフール（豚小屋）があり、養豚を副業としていた。私の家でも5匹ばかり飼っていた。当時の養豚は非常に不衛生でトイレが兼豚小屋であった。銀バエはブンブンうなり排泄するのに戦々恐々で、人間の排泄物を豚公はさも、おいしそうに食べている。用便をする度にお尻をなめられ、気持ちが悪かった。スイカの時期にもなると排泄物にスイカのタネが混じっているものだから、それを豚公はガリガリと食べなさる。まるで人間が漬物を食べるように歯切れが良かった。

（神山英一、久米島「豚公のご冥福」琉球新報『茶わき』）

（前略）方言で豚のことを「ウヮー」といい、豚小屋のことを「ウヮーフール」と呼んだ。石材で造られたウヮーフールは人家の隣にあって、長さ6尺（1尺約30・3cm）・幅2尺・厚さ8寸（1寸は3・3cm）くらいの平石を積み重ね、周りを囲っていた。後ろ側の4分の1はアーチ型の石材で屋根が付いており、土間は薄い平石を敷き詰めてあった。

ウヮーヌトーニ（豚の餌を入れる木製の容器）が置かれ、前面にはトゥーシヌミー（人間が用便をする穴）が造られていた。ウヮーフールの側には豚の排せつ物を貯めるシーリ（こやしだめ）があった。昔の豚の飼育はイモの皮と葉野菜を混ぜ合わせて煮た物で、ウヮーヌトーニに入れて食わせたのであった。そのほかに、今では信じられないことであるが、当時の家庭では人糞を豚の餌として食べさせていた。

（比嘉正晴、沖縄市「豚は琉球料理の王様」琉球新報『茶わき』
2003・平成15年1月30日）

いずれの記事も実際の体験に基づくもので、リアルで臨場感に満ち溢れている。恥部をさらすようで対外的には公表したくない負の遺産であるが、史実として書き留めておく。

緑釉陶猪圏（中国・漢時代）の図
（『兵馬俑と泰・漢帝国の至宝』から模写）（著者）

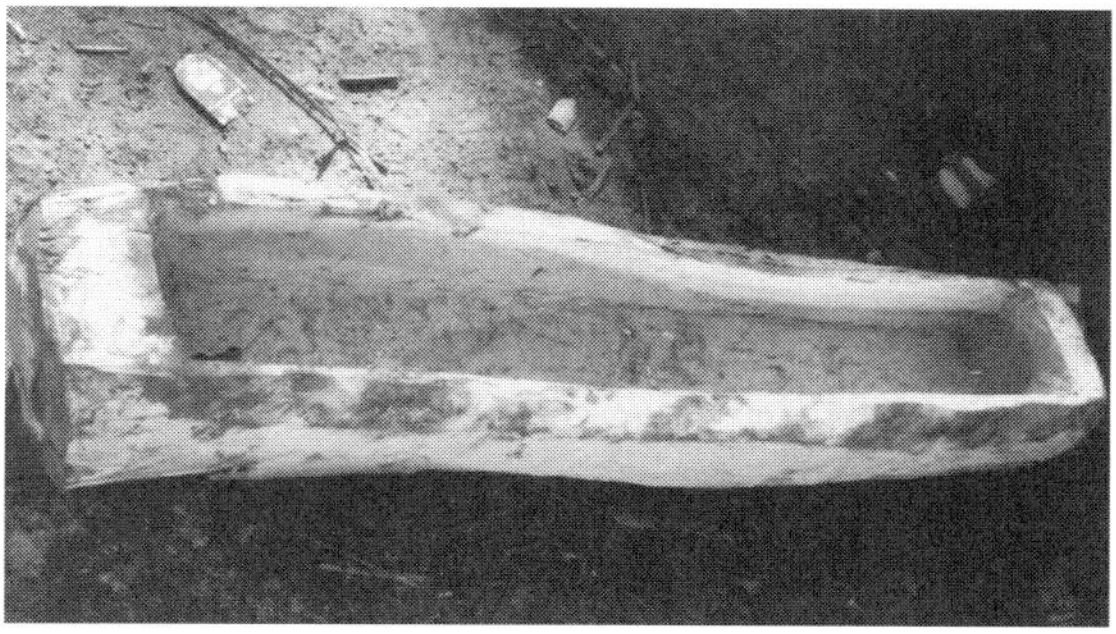

木製のウヮーヌトーニ（餌を入れる容器。ミャンマーにて）

手前の溝がトゥシヌミー（用便をする穴）

コラム1
奥田金松の報告と賀島政基の著書

少し堅苦しいが、農商務省の『第四次獣疫調査報告書』（1911年・明治44年）に「沖縄県下ニ流行セル豚疫調査報告書」と題した記録がある。報告者は奥田金松である。明治41年から42年にかけて沖縄で大流行した豚疫についての報告書であるが、その中に豚舎（フール）についての記述がみえる（原文は片仮名になっているが平仮名で表記する）。

《豚舎》

本県は有名なる畜産地として、又、有名なる家畜虐待地なり。殊に豚の如きは、隘小不潔の舎内に蟄居《ちっきょ》せしめ、運動せしめず、風雨を凌がず、光線の直射を避けず。本県は著名なる珊瑚礁の産地にして、県下到る処、之を見ざるはなく、従て、廉価なるが故にも亦た、之を応用すと雖も、其材料たるや頗る下等のものを用い、凹凸不平、大小深浅不同の、穴孔多き、品質極めて粗悪なるもののみにして、甚だしきに至りては、適宜の小石を寄せ集め、漆喰様の粘土を以て積み重ね、床も亦た、之を敷き詰むるも、其の空隙《くうげき》を充填することなし。而して内地に於ける豚舎の構造とは全く趣を異にし、別に戸口を具えず、奥行き5、6尺、間口4尺位、箱型に以上の粗石材を立て、壁となし、石段の下方、即ち豚舎の入り口に便器（家人用）を設けあり、数豚舎相連接せるものさえぎは、其の境界に高さ2尺の板石を立て、障壁となし、豚の交通を遮る。汚物溜に通ずる溝は、何れも豚舎内面の前壁に沿ふて設けられる故に、数豚舎並列連続する場合には、溝に適宜の勾配を付し、各舎を通じて、舎外の汚物溜に注流せしむ。

有名な豚の産地はいいとして、豚の虐待地とは不名誉なことである。が、身動きもままならないような狭いフールに閉じ込められている豚は、やはり虐待ととられても仕方ない。フールの造りに関しては粗悪なものを見たと思われるが痛烈に批判をしている。

次いで1924（大正13年）に子安農園出版部から発行された『通俗豚飼

育法』の中の「附記沖縄の養豚」を見てみよう。著者は沖縄県技師・賀島政基で沖縄滞在50年の体験者である。

　豚舎は悉《ことごと》く石にて造り一室の広さ多少の差ありと雖《いえど》も。（中略）7尺間口4尺にして、周壁の高さ床面より、2尺2寸、後方には「カブヒ」と称する、広さ3尺位の石を以て覆ひたる屋根代用ありて、上面は漆喰塗りとし、此の下にて、豚は雨風を避け、又寝床とす。其の他は解放せり。斯の如く、後方僅かに3尺を除く外、屋根なきを以て、完全に雨露を凌ぐ能《あた》はず、又日光直射し、所謂雨晒らしの有様にして、夏季は床石焼くが如く、冬季は寒風吹き込む等、非衛生的なるを悟り、近来は茅葺の屋根を造り、或は夏季糸瓜《ヘチマ》、苦瓜《にがうり》、夕顔棚等を設け、日陰を造る者あり。

　尚ほ、改良豚に対しては狭隘なるを以て、漸次豚舎を改良しつつあり。豚舎は宅地の都合上運動場の設備なきを以て、常に狭隘なる舎内にのみ閉じ込められ、運動不足勝なるにつき、熱心なる養豚農家は、毎日間食として甘藷蔓を投げ与へ、之を拾うことに依りて、多少たりとも運動の不足を補うこととせり。

　賀島もまた、フールを細かく観察している。筆者もフールの衰退の一因として、品種改良により、豚が大型化したために、フールが手狭になったことを考えていたが、賀島がその答えを出してくれた。夏の暑さ対策として、茅葺のフールの屋根にゴーヤーやヘチマを這わせることにより直射日光を遮り豚舎内の温度を下げる。これは素晴らしいアイデアである。豚糞の堆肥でゴーヤー、ナーベーラー（ヘチマ）は繁茂し、其の日陰の心地よさを豚が享受するとともに実は人間さまのご馳走になる。一石二鳥とはこのことなり。

豚小屋とトイレ兼用のフール
（沖縄県立博物館・美術館提供）

九、アグーの種付け

現在の企業養豚では、自前で種豚（雄豚）を飼養し、雌豚に発情兆候があれば直ちに雄豚の登場となる。雄豚も遠距離を歩く必要はない。ところが、かつての沖縄では各農家で雄豚を飼う余裕はなく、種付け用の雄豚は「うゎーちきやー」と呼ばれる専門職がいて、農家からお呼ばれがあれば豚を歩かせながらの登場となった。その状況を古波蔵保好さんは『沖縄物語』の中でユーモアあふれる筆致で次のように書いている。長くなるが当時の状況を知るために引用する。

よく晴れている日の午後、生い茂る木や竹の間に、茅葺屋が見え隠れする小路のどこかから、

「うわあ、ちきやびら」（種付けをしてあげましょうの意）という声が流れてくると、わたしたちは、声の方へ走っていった。タイクツしていることが何よりもキライなコドモにとって、そういう声を放つ人のあとについていくのも、一つの遊びとなる。（中略）主人の先頭に立ち、主人が右手に持つ細竹のムチで尻を叩かれ、舵をとられるように、あっちの小路へ、こっちの小路へと、歩かされている従者は、主人同様なかなかたくましいオス豚だ。

図体の大きさに似合わないほど短い四本の足は、図体の重さを支えるのが精一杯であるかのように、歩みがのろいけれど、「あっかんぱあ」（歩くのをいやがること）すると、ムチではげまされる。（中略）

今を盛りと張りきって、丈夫な子ダネをタップリ持っているオスが、その子豚を生ませるのに必要なオスが、主人に尻を叩かれながら、子ダネにご用はないか、と歩いていく様は、あいきょうがあった。

オス豚のうしろに主人、主人のあとにコドモたちというヘンな行列ができて、もう一度、小路を曲がって

ウヮーチキヤーとアカサーウヮー。
昭和 30 年代。(『新郷土地図』より)

今でもこの風景が見られる。子供の様子が面白い（フィリピン・ルソン島北部にて）

から、「うわあ、ちきやびら」と叫んだ声に応じ、ある家の「あんまあ」(母ちゃんの意)が、飛び出してきて、タネ売りに客がつく。

いよいよオスをメスのいる「ふうる」に追いこんで、タネつけということになるが、豚がその気になっていないと、順調にことが運ばない。「すう」(父ちゃんの意)は畑へいっているのか、あいにく家にいないため、「あんまあ」が、「うわあちきやあ」に手をかし、着物の汚れるのもいとわず、髪ふり乱して、オス豚に抱きつき、メスのいる「ふうる」の中へ飛びこませようとしていた情景が思い出される。

人間が大事な子ダネを、あちこちに分配すると、モンチャクを生むのであるが、オス豚をして、メス豚に子ダネを与えさせる営みは、一つの商売になっていたようで、人々は、その商売の人を「うわあちきやあ」と呼んだ。

古波蔵氏は1910（明治43）年生まれの方である。大正10年前後ののどかな首里の風景が目に浮かぶようである。前ページの写真は今から10年ほど前にフィリピンのルソン島北部の世界文化遺産に登録されたバナウエの棚田を見学に行ったときに車中から撮った写真であるが、現在でもこの風景は健在である。子供が面白半分におっかけをしている様子が古波蔵氏のエッセイの文章と重なり微笑ましい。

十、ふぐい取やあ（ふぐり取りを業とする人）

これも沖縄ならではの風景であった。前述の続きとしてお読みいただきたい。

村々を「うわあちきやあ」が、オス豚の尻を叩いてノンビリと渡っていく一方で、「ふぐい取やあ」が、ご用を聞いてまわる。こっちはオス豚の「ふぐい」を取ってあげましょうというのが商売だ。「ふぐい」を取られたオス豚は、よく肥って、売り値が高くなるので、飼っている家では、「ふぐい取やあ」の手をわずらわせたのであるが、おかげであたらオス豚は、メスに子を生ませることができなくなってしまう。

オス豚どもが能力を失うと、「うわあちきやあ」の召抱えているオスの子ダネが貴重になるから、二つの商売は相呼応している形だった。

南国のゆったりした時間の流れの中で繰り広げられる日常の情景が目に浮かんでくる。那覇近郊でもこのような状況であったので、地方へ行くとさらにノンビリしていたものと思われる。

また、当時の「ふぐい取やあ」のことを活写する面白い記事が明治9年6月28日発行の『沖縄風俗図絵』

に記されている。

沖縄人は殊に豚肉を嗜み豚の肥胖を計るに2種の手段を用へり、一は睾丸と卵巣とを去りて交接の念を絶たしめ、一は厠中に置き人糞と澱粉質のものを与えて肥大ならしむるなり。那覇市街には之を業とする者あり。四肢を縛して仰臥せしめ小刀を以って肋骨下卵巣の外部凡そ2寸許を縦切又は横切し、創口の周辺を圧し卵巣を出して切断す。創口には木灰を塗抹し置くのみにて直ちに癒合す。其の手術を施すこと巧みにして且つ速やかなる真口人をして脅かしむものあり。

当時は雌の卵巣摘出も普通に行なわれており、消毒薬もない時代のこと、傷口にはかまどの木灰を擦り付けるだけの荒っぽい手術であったことがわかる。豚も災難であった。

奄美大島でも同様な風景が見られたようである。恵原義盛『奄美生活誌』を見てみよう。

シマゥワは発情も早く未だ子豚だと思われるぐらい小さいのが発情します。それで乳離れして巣分けして間もなく去勢（筆者注：卵巣摘出のこと）されるのですが、去勢は誰もができるわけでなくその技術者即ちワンフグリキリャが廻って来るのを待つのでした。名瀬周辺の村落に廻ってくる去勢技術者は殆ど徳之島の人であったが、その呼び声はどんな意味であるのか「ゥワーヌフグリンベー」と叫ぶのでした。かねて何の変調もない田舎のこと、子供達は珍しいものでも見るように後をつけ、手術の実況を見物します。

乳離れして、1、2カ月の子豚の四つ足を縛り豚舎の桁に逆さに吊し、その尾で位置を計り、卵巣の真上と思ぼしい点に印をつけ、そこの皮を小刀で切って穴をあけ、そこから人差指を突き込んで卵巣を探り出すようです。それを指先でえぐり出して切り取るのです。豚が大きいと探り出すのに時間がかかり、豚は死ぬのではないかと思うこともありました。その点雄豚は外部手術ですから短時間で簡単にすむのでした。手術料は大正３年頃で雄が20銭、雌が50銭でありました。当時の豚飼いではこのフグリトリということが一つの難所で、これを済ませて初めて安心できたようです。昭和10年代後はバークシャー種雄とシマゥワ雌との雑種を飼うことが流行してこのフグリトリ風景は無くなったようです。

雌豚の卵巣摘出の風景がリアルに描かれており興味深い。当時、獣医師は数えるほどしかいなかったので、人口の少ない離島僻地ではこのように見よう見まねで覚えた技術者が活躍したのである。

十一、アグーの飼育頭数の推移

［表１］の沖縄県における豚の飼養頭数を見ると、１８９９（明治32）年に10万４３２１頭の在来豚（アグー）が飼養されている。１９０２（明治35）年に初めて17頭の外国種が導入されるが、５年後の１９０７（明治40）年には１８５３頭に増えている。その結果、雑種は１万頭以上に急増し、１９１０（明治43）年頃になるとアグーは10万頭を割り込み７万７６８４頭に減少している。

このように外国種の導入により、アグーの交雑が急速に進んだことをうかがい知ることが出来る。

１９１１（明治44）年以降、外国種の導入は２００頭前後でゆるやかに推移しているが、１９１６（大正５）年には雑種化は一段と進み、４万９８５８頭となっている。

一方、アグーは５万５８６６頭と減少したため、ほ

［表 1］沖縄県における豚の飼養頭数の推移

年	総頭数	うちメス	アーグ在来種	雑種	外国種
1894（明 27）	84,883	41,761	※	※	※
1895（明 28）	93,551	45,723	※	※	※
1896（明 29）	95,901	45,710	※	※	※
1897（明 30）	87,515	47,288	-	-	-
1898（明 31）	96,969	46,036	※	※	※
1899（明 32）	104,321	51,502	104,321	※	※
1900（明 33）	103,358	53,696	103,035	323	-
1901（明 34）	104,763	51,183	101,301	3,462	-
1902（明 35）	104,132	50,215	103,712	403	17
1903（明 36）	102,387	50,386	102,135	210	42
1904（明 37）	85,566	43,658	85,378	160	28
1905（明 38）	101,736	49,858	97,994	3,301	441
1906（明 39）	111,329	54,143	105,415	4,843	269
1907（明 40）	114,936	55,935	102,671	10,412	1,853
1908（明 41）	-	-	-	-	-
1909（明 42）	-	-	-	-	-
1910（明 43）	97,534	49,781	77,684	19,321	529
1911（明 44）	106,988	55,272	84,273	22,467	248
1912（大 1）	115,128	60,246	87,202	27,645	281
1913（大 2）	95,579	54,635	77,297	18,047	235
1914（大 3）	98,720	52,999	74,886	23,676	158
1915（大 4）	93,468	50,085	57,559	35,700	209
1916（大 5）	105,958	57,331	55,866	49,858	234

（『名護市史』資料編「近代歴史統計資料集」より転載）

ぼ同数となっている。

当時のアグーの改良に用いられた品種は、バークシャー種やヨークシャー種であるが、詳細については次項に譲る。

十二、アグーの改良

沖縄の在来豚には島豚《しまぶた》と唐豚《とうぶた》の二種類が存在したといわれている。これらの豚は肉質はいいが、発育が遅く小型であった。そのため明治の末期から大正にかけて本土からバークシャー種を導入し改良をすすめた結果、昭和初期には純粋の在来豚はほとんど見られなくなった。島豚は黒い剛毛が密生し、顔は長く、耳は垂れて顔を覆っている。背は湾曲し凹状を呈し、腹は地面につくほどに垂れ下がっている。粗食に耐え体質強健で飼いやすく広く農家で飼われ、「アグー」と呼ばれていた。

1924（大正13）年12月に沖縄県立農事試験場が発刊した「豚の改良」の前文によると、本県は豚の飼養頭数8万頭内外で全国1道3府43県中首位にあるが、そのほとんどが島豚や烏豚のような在来豚（アグー）であり、しかもその歴史は古い。これらの豚は、バークシャー種によって改良されつつある今日では、大半はその表現型を持つ豚になったが、未だ雑種性の体型と遺伝子とを有する豚は多く、雑種の選抜淘汰は引き続き行うことが重要であり、今般、養豚農家をはじめ関係者の参考に資するためこれを刊行した、と記している。

このように、県が率先してアグーの改良に取り組んでいる様子がひしひしと伝わってくる。引き続き改良の現況について次のように述べている。在来の豚は体躯が矮小で産肉量が少ないことから改良が進められてきた。近頃はバークシャー種で改良することが主流であるが、当初は種々の品種が種豚として用いられた。例えば大ヨークシャー種や中国、台湾などの豚も種豚として利用されてきた結果、在来種（アグー）の純粋なものを見出すことは困難となった。特に雄において顕著であるが、雌豚もアグーと確信をもっていえる豚は極めてまれである。

農家は勝手に好きな雄豚を選んで種付けをしていたので、その生産する子孫は不確実な遺伝子を有する個体の群落に過ぎない。現に体型はバークシャー種に似ているが、毛色が不統一で、バークシャー種の特徴である6白（四肢と尾の末端と額に白い刺し毛があること）が整っていないもの、或いは6白は確実であるが、尻端が尖り矮小なものなどをよく見かける。

一方、唐豚は19世紀前半に外国から導入された白色系の豚で、島豚より凹背ではなかったといわれている。性質はいたって温和で肥育性に富んでいる。渡嘉敷綏宝『家畜百話』によれば、大正末期から昭和初期にかけて首里の酒屋で飼われていた豚のほとんどは黒豚であったが、中には黒毛に所々白毛の混じった豚が見られた。この豚を「アヨー」と呼んでいた。

アヨーの伝来については、『沖縄県農林水産行政史・第12巻』に興味深いことが書かれている。

天保14年7月14日英国船が北谷間切沖で難破したことがあったが、時の藩庁は修理材料、飲食物、日用品等をおくって救助に尽くした。その謝礼として翌弘化元年、特に英国より使臣を派遣し牛牝牡各1頭、水牛牡1頭、綿羊1頭、豚牝2頭、牡1頭を寄贈した。

この豚は首里赤田村及び鳥堀村に委託飼養させたが、是が唐豚の元祖であると伝えられており、ここに琉球において島豚と唐豚の2種の別を生じた所以があるという。

島豚と唐豚とは、長年にわたって交雑されてきたが、沖縄では白豚は暑さに弱いといわれていて黒豚を好む傾向が強かった。そのため白豚は駆逐され明治から大正期にかけてはほとんど黒豚が占めるに至った。

当時の豚の品種改良を示す記事として、1902（明治35）年、各郡区の依頼に応じて17頭の種豚を購入し農家に配布したこと、農務省から種豚2頭が知事に贈られたこと、種豚6頭を購入し繁殖次第民間の養豚業者へ払い下げた豚30頭等の文言が見える。

なお、外国種についてはヨークシャー種やバークシャー種であったと書かれている。豚の品種改良にかける県の意気込みが感じられる。このように明治後期から大正期にかけて官民一体となって在来豚アグーの改良は進められていった。が、これによりアグーは次第に消滅への途につくことになる。

十三、各地におけるアグーの飼養状況

粟国村

『粟国村誌』から要約して紹介する。

豚は各家庭に1頭〜3頭ほど飼育されていたが、品種は在来種の唐《ママ》豚（アグー）であった。アグーは矮小で発育、肉付きも悪く1年ほど飼育して120〜130斤（約75kg）程度で、那覇の豚商に売られていた。旧正月は各家庭とも1頭あて屠殺するのが習慣であった。大正中期からバークシャー種やハンプシャー種を用いて品種改良をした。1953（昭和28）年頃から発育が早く肉付きも良い米国系のランドレースが飼われるようになった。戦前は2103頭も飼われていたが、現在（1984年）では169頭しか飼われていない。沖縄の在来豚・アグーの由来となった豚どころ粟国村も、2004（平成16）年4月現在1頭もいない。時代の流れとはいえ一抹の悲哀を感じるのは筆者だけであろうか。

渡名喜村

『渡名喜村史』（上巻）の「養豚」の項を要約して紹介する。

島の人々の現金収入の多くは漁業からであったが、収入を得るもう一つの途は、豚を飼うことであった。豚は他の農村同様、1〜2頭飼育され、その担い手は婦女子であった。渡名喜島で飼育された豚は「渡名喜豚（となきわー）」の名で呼ばれ、主に泊で売られていた。島で飼育される豚のわずかな頭数が島で屠殺され、残りの大部分は沖縄本島に搬出され売却された。

明治の頃は、豚や牛は帆船であるマーランで運び出

された。そのため搬出に便利なように、子豚を生産していた。子豚を泊に陸揚げすると、小屋がけをしてそこで豚を売っていた。それは俗に渡名喜小屋と呼ばれていた。主な買い取り人は浦添の人々であった。売買にあたっては仲介人がいた訳ではなく直接取引がなされた。泊に持ち込んだ子豚を売らないと島に帰るわけにもいかず、足下を見られ不利な条件で取引せざるを得ない立場にあった。大正期になると、発動機で動く運搬船が本島との間を往来するようになり、搬出する豚も子豚から成豚へと変わっていった。往時を偲ぶようにフールが数多く残っている渡名喜村であるが、ここも現在では1頭の豚も飼育されていない。

具志川村（現久米島町）

養豚は農家の副業としてほとんど各戸に飼育され、その頭数も牛馬に比べてはるかに多かった。在来種の豚は体形が小さく、肥育に適しなかったが、1905（明治38）年に上江洲智直によって、さらに1907（明治40）年には藤戸竹綱によってバークシャー種が導入され、品種の改良がなされたのをはじめとして、大正、昭和にも種豚の移入による改良が行われた。

なお、1910、1911、1912（明治43、44、45）年にかけては、それぞれ940頭、933頭、950頭で推移しているが、大正期には1千頭台になり、1929（昭和4）年には2100頭の最高値を示したことを久米島具志川村史は記している。

座間味村

●戦前の養豚

『座間味村史』（上）を参照して記す。

豚は古くは在来豚が飼育されていたが、大正時代からはヨークシャー種やバークシャー種が導入され、飼育されるようになった。鰹漁業が盛んな頃は、鰹の煮汁、骨、造り粕（シルク）などを飼料にして1戸平均2頭以上、豪農は4～5頭も飼育していた。戦前の養豚飼育の目的として肉豚出荷と堆肥生産があった。肉豚を出荷したあとは、沖縄本島から新たに子豚を購入し飼育した。その子豚のことを方言で「カワイー」と呼んでいた。旧暦12月下旬になると那覇の「ワーサー」（屠殺業者）に売り出すので、鰹組合の配当金に次ぐ大きな現金収入であった。また、正月用の肉豚（ショウグヮチャー）を鰹組合が屠殺して組合員に配当することもあった。

●戦後の養豚

終戦直後、沖縄本島に豚コレラが発生したあおりで、移入は一時期禁止された。そのため米民政府配給のチェスターホワイトを導入して村内での繁殖をはかった。当時、屋敷内にあった豚舎は衛生上の観点から、集落の郊外に造るよう指導されていたが、養豚熱の高まりとともに利便性を求め、屋敷内にコンクリート、トタン屋根の豚舎を構えるようになった。

1952（昭和27）年には子豚（カワイー）の生産が追いつかず、繁殖豚が19頭に激減したので、村は補助金を交付して奨励したが、なかなか繁殖豚の増殖に結びつかず、不足分を渡嘉敷村と沖縄本島から移入した。

1958（昭和33）年には座間味村養豚組合が組織され、種牝豚の飼育管理がなされ、1961（昭和36）年9月から琉球政府の獣医が駐在勤務することになり、これまで以上の畜産振興が図られるようになった。

沖永良部島

琉球弧の線上にあって、あらゆる点で沖縄と似ている奄美群島である。その中の一つである沖永良部島の養豚について、柏常秋『沖永良部島民俗誌』と野間吉夫『シマの生活誌』からながめてみたい。

野間は、「昔は牛や豚は牛小屋、豚小屋というのがなく放し飼いであった。豚は朝放すと夕方ぞろぞろ部落に帰ってくるのを、主婦たちが呼ぶとその声を覚えていて、我が家に戻ってきた。在来種は長い背中のたれた支那系統のものであった。最近ではバークシャーが沢山入っている」と述べている。かつて豚は放し飼いであったところがおもしろい。台湾の蘭嶼で見かけた風景を彷彿とさせる。豚の種類はこの描写から、「アグー」と思われる。

また柏は、「琉球との交易の中で豚が入ってきたが、人糞を豚に食わす〝フール〟の形態も同時に入ってきたことは想像に難くない」と述べているところをみると、この地においても、かつてはフールが活躍していたことを物語っており興味深い。

奄美大島

奄美群島中、最も大きな奄美大島の養豚風景に着目してみよう。ここでは恵原義盛『奄美生活誌』を参考にする。当時の豚の様子をこと細かく描写しており、大変興味深いが紙面の都合で総てを紹介できないので要約して紹介する。

「明治36年10月、糖業模範場に豚、谷頭種、バークシャー種を入れる。44年までに子豚141頭を各村に配布」（中島楽『島治概要』）と記されている旨、冒頭に恵原は紹介している。その頃鹿児島の黒豚はバークシャーで改良が始まったことを示唆している。

バークシャーのことをムハンバゥワと呼び在来種のことをシマゥワという。大正末期までは1村に1～2頭しか飼われてなく、ほとんどがシマゥワであった。それは粗食に堪えて飼いやすいからであった。当局がいかに熱心に奨励しても「ムハンバゥワはコシキレやすい」といって尻込みされた。コシキレとは太りが止まり、縮こまることである。

バークシャー種の雌の発情兆候はあまり目立たないが、シマゥワの局部は大きく腫脹し、大声で昼夜啼き叫び、人の高さほどもある豚舎の囲いを乗り越えて雄を求めて走り回る。色情狂の女をチリビゲリゥワ（さかり期の豚、発情期の豚の意）というのも解る。その始末に困るだけでなく、食欲も失せ体重も減ることから避妊手術とあいなる、と述べている。

在来豚のたくましさをうまく表現していて思わず笑い出してしまう。かつては雌豚の卵巣摘出手術も各地でみられた風景である。

また、奄美でも明治末まで一部の農家に人の排泄物を食わす風習が残っており、子豚に食わすと発育が良くなると信じられていたようである。

十四、外国人が見た沖縄の養豚

バジル・ホール・チェンバレン

1893年春に来沖したイギリスの日本学者、バジル・ホール・チェンバレンは『王堂チェンバレン―その琉球研究の記録―』（山口栄鉄編訳）の中に、豚についての記述がある。

おそらく琉球で最も滑稽な光景といえば、しばしば目にすることなのであろうが、頭上に小豚を載せ、市場へと向かう婦人の姿であろう。藁を平盤にまるめ、豚を当てがい、しっかり縛りつけるが、その足は縦に突き出ているので、あたかも豚が泳ぎの訓練でもしているかに見える。動物にその足を使って歩かせることを明らかに嫌う琉球の人たちは、一つの方法に限らず、色々なやり方でそれを運ぶ。十分成長した豚や山羊は、追いたてる代わりにその足を結び、男たち二人がその間に吊して運ぶ。太って重量のある豚にとって、この方法で運ぶことの極めて不快なものであることは、当の犠牲者のあげる叫び声の証する通りである。本土においては、稀にしか見当らない豚は、琉球では、至って手近に見えるものとなっている。昔の掟では、各戸それぞれ四匹当て飼育するよう強要されたのであり、

チェンバレンが興味を示した豚売りの様子
「琉球風姿画」より（沖縄県立博物館・美術館提供）

新しい本土政府の場合も特にそのことを廃止しているわけではない。中国同様、豚はこの地でも富める者には珍味となり、貧しい者には収入源となって極めて珍重される食品であり、特にその事で強制する必要があるということでもない。

しかし、琉球はおそらく豚が珊瑚でできた豚舎に飼われている世界唯一の国であろう。

R・ゴールドシュミット

チェンバレンより34年後の1927年にドイツの遺伝学者、R・ゴールドシュミットが沖縄を旅行している。その紀行文をまとめたのが「新日本」である。その一部が平良・中村訳で『大正時代の沖縄』として琉球新報社から発刊されている。その中に当時の沖縄の養豚事情について次のように記されている。

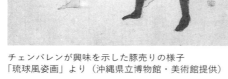

薩摩イモが琉球経済における主要な作物であるとすれば、家畜ではなんといっても豚である。それは、あのユーモラスな、黒くて背中がくぼみ腹のたれ下がった中国産の豚であり、その豚にはわれわれドイツの養豚もその最も重要な肥育に関して影響を受けている(18世紀の十字軍を通じて)。

ここでもまた琉球は中国の影響が極めて大きいことを示している。というのは、一般的な家畜の飼育と肉食は、実際、日本では最も新しい時代の産物といってもよいものだからである。

琉球経済において豚の占める地位は、ことのほか大きいものである。それほどみすぼらしい小屋もないが、立派な家屋敷でも必ず豚小屋がついている。(中略)

それほど貴重な豚が、それ相応の扱いを受けることは当然で、歩かせて連れて行くことはまずない。農民が自分の豚を市場へと追いたてているヨーロッパの農村でよく見うけるのどかな光景は、ここではみられない。大きな豚は足を束にしてくくられ、1本の天びん棒で2人の男の肩にかけて運ばれる。小さな豚はひもで結ばれて仰向けにされ、砂糖キビの葉を重ねておい、1本の棒の各々の端にかけて担いで運ばれる。また、子豚はかごに入れ、女たちが頭の上にのせて運ぶことが多い。何頭かの豚を一緒に運ぶばあいには、ひもで結んで長い2輪車の荷車に乗せ、馬で引いていく。このように豚の役割は、市の立つ日に終わってしまうものではない。(後略)

十五、純粋種と雑種

一代雑種の利用は実用的に価値はあるが、雌雄双方とも確実な純粋種を種畜として保存しなければならない。即ちアグーの純粋なものとバークシャー種の純粋なものとを種畜にする必要があるのだが、現在では純

背に白色の刺し毛が見られるハイブリットのアグーにランドレース種（白色）などが交配されて誕生した白い子豚。こうして純粋なアグーは次第に消滅していった
（写真提供：沖縄県公文書館）

粋なアグーを得ることは極めて困難であると沖縄県立種畜場「豚の改良」に記されており、1924（大正13）年頃には純粋なアグーは既に絶滅の危機に瀕していたのである。農事試験場では1918（大正7）年頃からバークシャー種の純粋繁殖を進め、種豚の配布を行っているが、規模が小さいために全県下に普及するためには規模の拡大が肝要だと記されている。

本県の養豚界では烏豚《ガラジーウワー》といって黒色毛のものが好まれる。黒豚でよいといえばバークシャー種にほかならない。それほど黒豚のうちで美格を有し、肉量が多く且つ遺伝子が確実である理由から、烏豚や島豚の改良にはこの種を用いない手はないほどである。

バークシャー種は、四肢と尾の末端と額に白い刺し毛がある、いわゆる6白をその特徴としている。したがって2代、3代の後になって白い刺し毛を有するものが出来る。或いは白毛と黒毛と半分位のものも出来る。即ちその両親の一方或いは双方が遺伝の確実でない中間雑種（ヘテロ）であった場合には、体型や毛色の不揃いなものが出来るのである。

従って体型や毛色の一様なものを得るためには、種畜たる両親の組み合わせについて考えなければならないと述べている。また、実用的な要求として、肉の風味は在来種の如く、体型はバークシャー種の如く、大型のもの、或いは早熟なること在来種の如くとある。

いまや全国ブランドとなっている鹿児島の黒豚は、沖縄の島豚が奄美諸島を経由して、鹿児島本土へ上陸し、その後バークシャー種で改良してできた豚であるが、元は沖縄県農事試験場が発行したアグーの改良方針によって進められたものであり、唐イモがサツマイモに、チキアギがさつま揚げに変身したのと同じケースである。

十六、アグーの屠殺

明治

『沖縄県統計概表』と『沖縄県統計書』によれば、豚の屠殺頭数は明治13年が1万8336頭、同16年が1万911頭とある。明治19年～25年までの屠殺頭数は1万2千頭～1万8千頭であるが、26年には約3万頭に増え27年～31年までの頭数は［表2］の通りである。この表は屠殺頭数と飼育頭数の関係を示している。

1901（明治34）年11月17日付「琉球新報」には豚の飼育頭数と屠殺頭数の関係を記した興味深い記事が掲載されている。いかに多くの豚を屠殺しても決して豚は減らないものであるという解説をくわえ、屠殺と豚の繁殖力の関係を表で示している。

このように現在の繁殖法が確立しておれば何頭まで屠殺が可能であるのか、経営上これを見極めることが肝要であると述べるとともに［表3］では農家戸数と

［表2］明治時代の屠畜頭数と現在頭数

年次	屠殺頭数	現在頭数
明治27年	41,639頭	84,883頭
明治28年	46,475頭	93,511頭
明治29年	50,357頭	95,901頭
明治30年	61,214頭	87,515頭
明治31年	53,593頭	96,969頭

［表3］各地域における農家戸数と飼育頭数

地域	農家戸数	飼育頭数	一戸平均
島尻	23,348頭	26,067頭	1.12頭
中頭	24,112頭	26,306頭	1.09頭
国頭	15,987頭	20,661頭	1.29頭

豚の関係を記している。

青森県の士族である笹森儀助が１８９３（明治26）年、沖縄を調査旅行した時の見聞記『南嶋探験』には、手際よくアグーを屠殺・解体する様子を驚きの眼差しで記している。屠畜場には４尺くらいの敷板と桶と刃渡り１尺ほどの包丁１本があるのみである。先ず四肢を縛り、喉を切って放血する。血液は料理に使うので大切に採っておく。市場ではそれを販売している。ついで豚に熱湯をかけながら包丁で全身の毛を剃る。その後内臓を取り出し、枝肉は骨と肉を切り分けるが、解体に要する時間は30分もかからない。毎日の仕事とはいえ、その熟練度の高さには、肉食を常とする西洋人も舌を巻く程である（要約）。

大正

明治30年の豚の屠殺頭数は６万１千頭余、それから

28年後の大正15年にはその約半数の3万1千頭余に減っている。この期間は人口が45万人から55万人に増加し、また、豚の飼育頭数も8万8千頭から11万5千頭に増えている。当然以前に比べ食生活も向上し豚肉消費も増加する。それにともない豚の屠殺頭数も増加するものと思われるが、どういうわけか統計上は逆に減少している。

具体的には明治41年の4万2千頭から42年の2万9千頭の減少と大正9年の3万5千頭から10年の2万5千頭への減少である。これらの年は豚の伝染病が多発した年であり、これが原因で屠殺頭数の減少につながったものと當山眞秀元沖縄県畜産課長らは想像している。なお、大正13、14年の屠畜場数は、公営・私営合わせて17カ所と記録されている。(『沖縄県農林水産行政史・第5巻』参照)

昭和初期

昭和初期の沖縄県の屠殺統計には農林及び厚生両省双方のものがあるが、その数字は一致しない。が、当時も屠畜場行政の所管は衛生関係にあったことをふまえ、ここでは厚生省関係の資料を引用する。

1935(昭和10)年の屠殺頭数は、2万9215頭となっている。この内訳は屠畜場1万6187頭、自家用屠殺3028頭となっている。当時の人口は約60万人であったので1人当たり年間0・05頭を消費していたことになる。全国のそれは0・015であるので沖縄県民は他府県民の3倍以上も豚肉を食べていたことになる。が、ここで3千頭余の自家用屠殺の頭数が気になる。実はこの数字はもっと多いのではないか、ということである。

沖縄では17世紀前半、蔡温の時代に豚の屠殺・消費を奨励したため、ためらうことなく誰でも豚を屠殺・

解体することができたので、年間を通しての各種行事や正月、冠婚葬祭等に豚肉を用いる習慣が確立した。農村では旧正月に豚1頭を屠る習慣があったことは前述の通りである。

当時の農家戸数は約9万戸であったので、その半数としても4~5万頭の豚が自家用として屠殺されていたのではないかと推察されるのである。当時の自家用屠殺の届け出は形式的に村や字でごく一部を届け出ることが通例であったため、その一部が3千頭という数字となったのであろうと、推測している。

十七、米軍とアグー

太平洋戦争末期の沖縄戦で、米軍が慶良間諸島に上陸して2015（平成27）年3月26日で70年が経過した。米軍は沖縄本島への上陸に先立ち泊地や水上機基地などを設置するため、第77歩兵師団を慶良間諸島の座間味島など数島へ上陸させた。日本軍はこれらの島への初期侵攻を全く想定せず、地上部隊をほとんど配備していなかったため、米軍は上陸からわずか3日後の29日までに慶良間諸島全島を占領した。

米軍は引き続き4月1日朝、沖縄本島中部の読谷・嘉手納・北谷にいたる西海岸に上陸した。この忌まわしい70年の節目に、たまたま沖縄県公文書館で資料を検索中、偶然にその当時、米軍がアグーを捕まえ担いでいるところや、アグーのバーベキューをしている貴重な写真に遭遇した。偶然とはいえ不思議な巡り合わせであった。

これらの写真には米軍とアグー、生き残った住民とアグーの関係が活写されている。

その中から何点か拾って紹介する。座間味島、伊平屋島、石川などの地名が明記されているものや地名が不明な写真も多い。

①農民の家より立派な豚小屋
(1945 年 5 月撮影・米国海軍資料、「座間味島南西部阿真の町でよく見られる光景」の脚注あり)

②当時のフールの状況がよくわかる
(1945 年 5 月撮影・米国海軍資料)

①の写真は右手前が住宅と思われるが、それより正面の豚小屋のほうが立派に見える。このことは豚を大切にしていた証左であろう。

②の写真からフールの状況がよく伝わってくる。豚小屋には暑熱や風雨を凌《しの》ぐために屋根が設えられているが、人が用を足す場所には屋根はない。脚注には、「地元の男性に裏庭の豚舎と便所にＤＤＴを散布するよう指示する地元の女性。ハエやその他の害虫への効果を知ってからＤＤＴは地元民に歓迎されている」と記されている。

米軍は兵隊がマラリアやフィラ

③カービン銃で射止めたアグーを担ぐ海兵隊員
(1945年4月5日撮影・米国海軍資料)

リアに感染することを恐れていたため、周到な事前調査を行い、感染予防対策を講じていたことや大量のDDTを本国から持ち込んできたことは敬服に値する。

現在は製造中止になっているDDTは、当時、ハエや蚊などの衛生害虫の駆除にはてきめんの効果があり、南西諸島地域の風土病であったマラリアやフィラリアの撲滅に果たした功績は大きい。

③の写真は、石川で射殺した豚を運ぶ海兵隊員。狩猟民族の本性がよく表れている。わくわくしながらアグーを担いでいる様子が伝わってくる。飼い主がいない豚は餌を求めて界隈を彷徨《さまよ》っていたのであろうか。脚注には、彼らはサツマイモ、鶏、日本製の皿まで持っている、と記されている。

④⑥の写真は担いできたアグーを解体し、バーベキューをしているところ。銃を使いゲーム感覚で豚や鶏を捕え、レクレーション感覚で楽しみながら食事を準

⑤仕込みに余念がない海兵隊員
（1945 年 4 月撮影・米国海軍資料）

④射止めたアグーを調理する海兵隊員
（1945 年 4 月 5 日撮影・米国海軍資料）

⑦今晩は豚が食えるぞとほほ笑む海兵隊員
（1945 年 4 月 5 日撮影・米国海軍資料）

⑥戦地での憩いのひと時を過ごす
（1945 年 4 月撮影・米国海軍資料）

備している様子が伝わってくる。脚注には次のように記されている。

「海兵隊が沖縄上陸した時、急いで移動しなければならず、船から食料や水を降ろす暇がなかった。チーク伍長が豚を捕まえ、フィアーズ二等兵が解体し、竹串を使ってバーベキューにした。鶏4羽も同じ火で焼いた」

⑤の写真はバーベキューにするためにサツマイモを薄く切っているところか。それにしても優雅ですね。とても戦地とは思えない風景である。戦勝者の余裕が感じられる。

⑦は「砲弾でやっつけた豚を運ぶアレン伍長とハワード伍長。豚はバーベキューのメインディッシュとなる」とキャプションが付されている。この様子から盛んに豚を捕らえて食べていたことがわかる。豚はいずれもアグ

⑧分隊のメンバーのためにバーベキューを準備する分隊長（1945 年 4 月 29 日撮影・米国海軍資料）

⑨バーベキューのための木炭を集める大佐、木炭は自分たちで調達？（1945 年 5 月 6 日撮影・米国海軍資料）

ーのようである。

⑧の写真は、「21日間の戦闘の後、分隊のメンバーのために焼き豚を準備し、気晴らしをする第7歩兵師団分隊長。豚は飼い主もなく、その辺りをうろついていた」と脚注されている。⑨の写真は、捕らえた豚をバーベキューにするために木炭を集める陸軍兵站部隊の大佐。木炭は自分達で作っていたのか？やはり狩猟民族すなわち肉食文化の中で生まれ育った米国人にとって、新鮮なアグー肉はかけがえのない食料であったのであろう。獲物を仕留めて嬉々として持ち帰る様子、バーベキューするための燃料収集、下ごしらえをする楽しそうな面々などが活写されている。

ここには掲載していないが、着の身着のままで疲れきった住民の惨めな姿も写真に残されており、勝者と敗者の差が歴然としている。二度とこのような悲惨な戦争はご免被りたい。

⑪女性所有の豚を捕まえ豚舎へ運ぶ親切な海兵隊員（1945 年 4 月 6 日撮影・米国海軍資料）

⑩豚を担ぐ地元の男性（1945 年 4 月 6 日撮影・米国海軍資料）

⑫ 1945 年 4 月 23 日撮影・米国海軍資料

次は同じく海兵隊員が撮った写真であるが、⑩はウチナーンチュがアグーを担いでいるところで、これから売りに行くのか、屠殺解体に行くのかは定かではない。⑪は「女性所有の豚を捕まえ、女性の道先案内でその方の家へ運んでいる親切な海兵隊」と脚注に記されている。ウチナーンチュと豚の関係は深く、また、豚の発育状態は思いのほか良好である。撮影場所が記されていないので不明であるが、島や地域によってアグーは戦災をまぬかれたところもあったようである。

写真からはつかの間のゆったりした気分の海兵隊員の表情がうかがえる。住民とのコミュニケーションは意外とうまくいっているような様子が感じられる。

⑬海兵隊員が見守る中、豚に棒を突き刺す
（1945 年 6 月 3 日撮影・米国海軍資料）

⑭庭先で豚肉を切り分ける（1945 年 6 月 3 日撮影・米国海軍資料）

⑮血は茶碗に受け、後で調理に使う（1945 年 6 月 3 日撮影・米国海軍資料）

⑫の写真は沖縄本島で撮影されたものである。場所は明確ではないが、当時、豚を解体し、食していたことがよくわかる。キャプションには「第130建設大隊のキャンプ近くで働く地元住民。流れの速い小川で豚を屠殺している男性。絶え間なく続く川の流れの中で、豚をさばくのと同時に肉が洗えるようになっている」と記されている。⑬⑭⑮の写真は、伊平屋島で海兵隊員により、1945（昭和20）年6月3日に撮影されたものである。生き残った豚は食料として、栄養補給減として島民に利用されていたと思われる。一方、海兵隊員らは住民が豚を屠殺する場面を興味深そうに観察している。

3日後の6月6日に撮影された豚の屠殺風景がある。併せてみてみよう。

⑯は、見守る海兵隊員の前を横切り、豚を調理場へ運ぶ少年。担ぐ様子は大人顔負け。日頃、鍛えていることが分かる。豚の毛色は白色だ。⑰は、枯れ草などで豚の毛を焼く地元民。海兵隊員が遠巻きに見守る。⑱は浜で豚肉を分けているところ。⑲は調理場で豚汁を調理する地元の女性。正面につるされているのは大腸、小腸と思われる。

⑯豚を担いで調理場へ運ぶ少年
(1945 年 6 月 6 日撮影・米国海軍資料)

⑰枯れ草等で豚の毛を焼く地元民（1945 年 6 月 6 日撮影・米国海軍資料）

⑱浜で分ける住民ら（1945 年 6 月 6 日撮影・米国海軍資料）

⑲豚汁を調理する地元の女性（1945 年 6 月 6 日撮影・米国海軍資料）

コラム2

ウワーサー一代

1980（昭和55）年7月号の『月刊　青い海』にかつての小禄ウヮーサーの生き証人ともいうべき上原光男さんのインタビューが掲載されている。上原さんは1894（明治27）年生まれで、30歳頃から屠畜業に携わったという経歴であるので、この話は大正末期から昭和初期にかけての沖縄の屠畜現場の貴重な記録である。全文を紹介したいが紙面の都合により、大要を記したい。

前《めー》ヌ毛《もー》（今の西町）の近くにトゥトゥンバ（屠殺場）があったけど、小禄の人たちは田舎を歩いて豚を買い集め、前ヌ毛の人たちに売りよった。馬車も何もない時代だったから、島尻の遠いところからでも翌朝に間に合わせるため、夜通し2人～3人で2～300斤の豚を担いで歩いたこともあった。あの頃10銭だったかなあ。屠殺場にまだ蒸気釜ができない頃だったから、薪や鍋なんかも一緒に担いで行った。私が10～15歳の頃だったからねえ。あれは惨めでしたよう。

あの頃は、鑑札というのがあって、前ヌ毛の人たちは屠殺業と販売業、二つの鑑札を持っていたけど、私たちは初めは販売の鑑札しか持っていなかった。豚を殺すのはほとんど那覇（前ヌ毛）の人だったけど、彼たちは牛は殺しきれんから、これは小禄人の仕事だった。牛の屠殺も同じ屠殺場内の決められた所でやりよった。豚の場合はお湯を使うけど、牛の時は殺すだけで、あとは皮を剥げばよかった。

前ヌ毛の屠殺場は屋根も立派な建物で、60坪くらい、豚小屋（繋留所）は150坪くらいあったかねえ。お湯も沸かして市役所が管理していた。屠殺場には豚を殺したい人がナーメーメー（各自）やってきて、自分で殺した。そこにはただ1人2人の番人がいるだけ。屠殺の前には獣医が豚の病気の検査に来た。そして盗難の豚でないか巡査も立ち会いに来よった。そうしてはじめて屠殺が許可された。

私がこの仕事を始めた頃は1日15頭殺すのが一つの目安になっていて、15頭を超えたら「ナー、売ラリーガヤー」

（大丈夫かねえ）といって心配していた。それでも終戦に近くなってからは1日60頭になったりした。また、年末の年《とうし》ヌ夜《ゆるー》には、もう1日中かけて150頭殺したこともあった。

小さい豚だったら、大概1人で殺しよった。まず、足をくびって仰向けにして、左の足で下の方を押さえて、右の足は上半身を支える。包丁は喉元からみぞおちにかけてサッと入れた。今の出刃包丁みたいなもんで幅はそんなに太くなかった。慣れたら包丁は自然に入りよった。豚血はクスリといってビンダレー（洗面器）にとっていた。今から考えると衛生的ではなかったねえ。だけどあの当時は潮水《うすみじ》グヮーを混ぜて血を固まらせよった。血をとったらお湯をかけ、ワタ（内臓）をあけて、首を切った。だいたい殺すのは男の仕事で、妻や嫁などは、待っていた加勢にまわり、毛を抜いたり、内臓を処理する仕事だった。私たちがは、ワタのさばきはよくわからん。これはアンマー達がよく知っているよう。扱った豚はほとんど島豚で、私の場合は1頭殺してだいたい20分くらい。朝8時から始めて、1時間くらいで3頭殺して、他の人の手伝いに行くこともあった。

上原光男氏（ご家族から拝借）

こういう体験をしてきた方は、もうほとんどいない、大変貴重な証言である。豚一頭を処理するのにたった20分しか要しない。その技術力の高さに敬服する。専従した笹森儀助が見た屠畜場の風景そのままである。

なお、上原さんが述べているように、当時の豚は島豚即ちアグーであったことがわかる。

十八、アグーの衰退とその背景

明治中期までの豚は、島豚（アグー）と称し、広く農家で飼われていたが、小柄で成長が遅く、産子数も少ないことなどの理由から、バークシャー種などの西洋種による改良が勧められ、大正末期には在来豚としての純粋種を見出すことは困難な状況になっていた。

本土や外国からの種豚の導入や養豚農家の知識も向上し、豚の改良も大いに進みつつあった時に勃発した第二次世界大戦は、すべての産業と同様に、養豚業をも根底から破壊してしまった。

鉄の暴風と称せられるほど凄まじい鉄火の洗礼を受け、沖縄本島の3分の1は灰燼に帰し、かつて日本一の養豚県の名を欲しいままにしていた沖縄の養豚業は壊滅した、といっても過言ではない。

ここに終戦直後の沖縄における残存家畜の見込み頭数がある（『沖縄県農林水産行政史』・第12巻参照）。

「表4」終戦直後の残存家畜の見込み頭数

	牛	馬	豚	山羊
本　島	50	700	850	1,500
離　島	400	530	1,200	1,300
計	450	1,230	2,050	2,800

このような状況のなかで、米国軍政府は終戦の１９４５（昭和20）年8月15日、石川市に招集した沖縄諮詢会の席上で声明文を発表した。

その中の農業政策で「飼料の得られる範囲内において家畜の生産を維持し、中央屠畜場において監督下に家畜を屠殺する施設を設くること」としている。

この方針に基づき、軍民両政府は畜産の復興に取り組むため、真和志村与儀の農事試験場に畜産課を設置した。翌１９４６（昭和21）年には米国からバークシャー種15頭とハンプシャー種30頭の種豚を導入し、公的機関において飼育、管理させた後、子豚を増産して農家に配布させた。

　このように米国民政府は沖縄の戦後復興をはかるべく、とりわけ畜産業の復興に着目し、行動を開始し、続いて１９４６（昭和21）年には米国からヘレフォード種の牛を33頭導入、翌１９４７（昭和22）年には本土から鶏の雛２万匹を空輸している。

　また、１９４９（昭和24）年にはノルマン系の馬１６００頭、同年から１９５０（昭和25）年にかけて山羊（ザーネン種、ヌビアン種、アルパイン種、トッケンブルグ種）２６６９頭をそれぞれ米国から輸入している。米国軍政府がいかに力を入れていたかが理解できる。

　このように戦災でほとんど消滅したアグーに、追い討ちをかけるように様々な外国種が導入され、短期間のうちにアグーの改良が進められた結果、純粋種のアグーはほとんど壊滅状態になった。

第二節　アグーの復活と隆盛

一、アグーの復活に関わった人々

いったん消滅しかけた品種を復元するのは至難の業であるが、それに果敢に挑戦し成果を上げた方たちがいる。その賢人たちにスポットを当ててみたい。

名護宏明さん（１９４６年生）＝うるま市

名護さんは元々沖縄の文化に興味があり、陶器や民芸品などの文化財を収集するのが趣味であった。その延長線上で宮古馬、トゥラー（琉球犬）、アグー、島山羊、地鶏などの在来家畜の価値を認識していた。殊にアグーへの思い入れは強く、その保存は自分の役目だと認識していた。

アグーについて思いのたけを話す名護宏明さん

1970年代にはすでにアグーの特徴をした豚はほとんど見かけなくなっていた。そこで名護さんは台湾にアグーに近い豚がいるとの情報を得て、真剣にそれを導入しようと試みるが、一歩立ち止まって考えてみた。もし台湾から素豚を導入し、戻し交配を行い、かつてのアグーに近づけても、果たしてそれを在来豚アグーといえるのかという疑問が湧き、結局導入を諦めることになった。その代わり県内各地からアグーの血を色濃く残す個体を集めてそれを基に戻し交配により改良を進めるべきとの結論に至った。

当時はまだ、バクヨウ（馬喰労）が活躍しており、

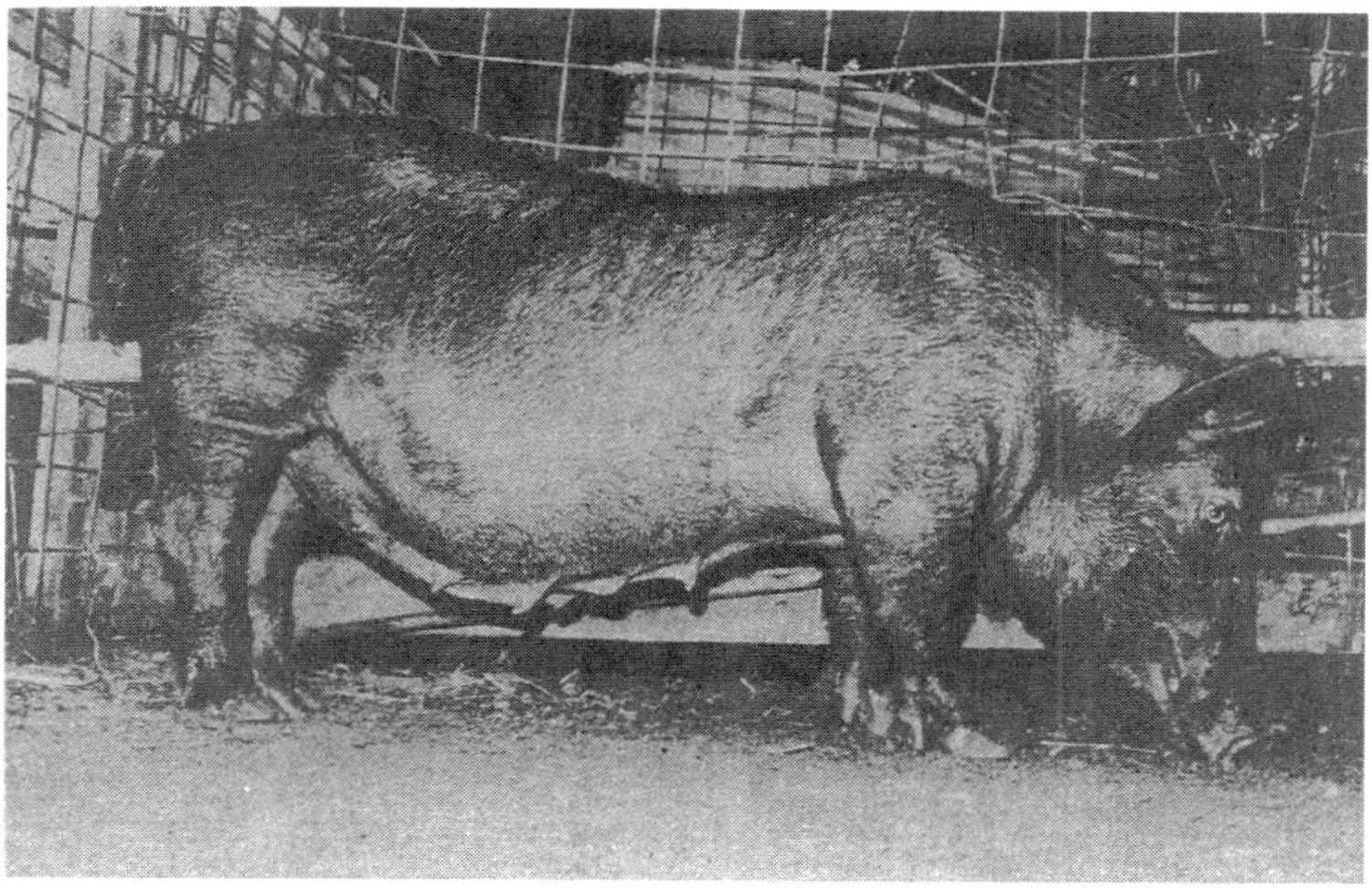

名護さんが飼育していたアグーの母豚
（名護博物館　準備室だより「はくぶつかん No3」1982 年 10 月 1 日発行より転載）

彼らは自分の縄張りの家畜飼養状況を頭の中にしっかりインプットしており、バクヨウ同士の情報交換も盛んに行われていた。その情報を基に名護さんは、本島内はもちろんのこと伊平屋島、伊是名島、石垣島まで足を運び、自分の記憶にあるアグーのイメージを求めて東奔西走した。その苦労のかいあって、南風原町の城間さんのところで飼われていた島豚に白羽の矢を射った。が、城間さんは頑として譲る気配がない。そこで名護さんは馬1頭に家鴨や鶏をつけて交換を提案したところ城間さんも名護さんの熱意にほだされ交換に応じたのである。それにしても名護さんのアグーに対する熱意のすさまじさは他人にはまねが出来ないことである。

一方、金武町の安次富さんのところにも色濃くアグーの特徴を残す豚がいるとの情報を得て金武町へ向かう。名護さんはそれに一目惚れし、ここでも嘉手納基地内の乗馬クラブから手に入れたアラブ種の馬と交換することとなる。こうして集めたアグーに近い豚同士を交配し、一時、80頭ほどに増えた。

前ページの写真が、名護宏明さんが所有していた、37回も子豚を産み、戻し交配に活躍した貴重なアヒャーウヮー（母豚）である。がっちりした体格にしっかりした四肢が印象的な見事な体型をしている。名護さんらの尽力によって、アグーは次第に以前のアグーの体型に近づきつつあった。

宮里朝光先生（撮影：宮里栄徳氏）

１９７６（昭和51）年11月12日付「沖縄タイムス」に「絶滅寸前の在来豚」の見出しで名護さんの功績が紹介されている。名護さんとは同郷で同級生の宮里朝光先生（元中部農林高校長）の提供資料でわかった。

記事の概要は次の通り。

在来種保護の情熱を傾けている具志川市の陶芸家・名護宏明さん（29）は、4～5年前から県内のブタが次々に品種改良され、人間の都合のいいように作り変えられていく状況を見て、近い将来、在来種が滅びるのを予想し、本島内はもちろん各離島を探し回った。が、島ブタの姿は見当たらず、あきらめかけている時、2年前に業者を通じて雌雄の子豚が手に入った。現在では繁殖可能なところまで成長している。

名護さんは、島ブタが滅びゆく運命にあったことについて、経済効果が薄れ、人間にとって必要がなくなったため、と指摘し、島豚を普及させるには人間に必要な豚にすることとしている。そのため、飼育しながら島豚の成長過程を細かく観察し、1．雑食に耐え、病気に強い、2．エサ代に金がかからない、3．筋肉質だから肉がおいしい、4．20回以上も子供を産む、5．あまり大きくないから焼き豚用に適当である―などを挙げ、島豚を高く評価している。名護さんは、島ブタの他にも宮古馬、与那国馬などの純粋種やニワトリの在来種保護にも打ち込んでいる。そのため、本職の陶業には全く手が回らず動物の世話に明け暮れているが、〝文化庁も県もあてにならない。かといって一つの種族が滅びゆくのを見過ごすわけにはゆかない〟と在来種保護に打ち込んでいる。

絶滅の危機に瀕していたアグーの復興を夢見て、県内各地の養豚農家を訪問し、私財を投げ打ってまで島豚を収集し、交配を重ねて改良を行い、現在のようにアグーの復興を見るに至ったが、私たちは先人たちの苦労を忘れることなく、その功績を後世に残していく責務があることを感じたインタビューであった。

島袋正敏さん（1943年生）＝名護市

島袋さんは旧久志村の農家の生まれで、幼い頃から山羊や豚の世話をしてきた生粋の畜産人である。その体験をまとめたのが『沖縄の豚と山羊』（ひるぎ社）である。この本は既に7刷を数え、今やその関連の文献として、あるいは参考書としてなくてはならないバイブルになっている。島袋さんは高校卒業後役場に就職するが、自分の郷土にずっと関心を持ち続け、やがて名護博物館の設立に携わるようになる。

アグーについて話す島袋正敏さん

名護博物館の初代館長と

購入した在来豚アグーを運ぶ（名護博物館準備室だより「はくぶつかん No1」1982年10月1日発行より転載）

なった島袋さんは1981（昭和56）年、在来家畜の収集と展示を計画し、県内各地の農家で飼われていた18頭のアグーを確認し、そのうち7頭を譲り受けて飼育を開始した。その中には、名護さんから寄贈された雌雄成豚と子豚3頭も含まれている。

　ところが博物館で生きた豚を飼うことに対し、市民からのクレームも多く、賛否両論様々な意見があった。中には博物館は動物園かという意見もあったが、島袋さんは全く意に介せず動物園も博物館の一分野であることを説明したという。が、間もなく市長が代わり、この計画は頓挫する。

　その後の処置に困りはてた島袋さんは、当時、北農の畜産科教諭だった太田朝憲先生と同僚の宮里朝光先生に相談したところ、アグーを引き受けてくれることとなった。

　このように伝統あるアグーの絶滅を危惧し、県内各地を調査し、残された純粋種に近いアグーを収集し、北部農林高校へ引き継ぎ、戻し交配によって再びアグー全盛期を迎えた今日の真の立役者と言っても過言ではないだろう。前出の名護さんや島袋さんらのアグーに対する情熱は沖縄の畜産史に燦然と輝く功績として、後世に語り継いでいく使命がある。

　さらにアグーの維持と普及を目的とした保存会が2001（平成13）年1月に名護市で結成されたが、初代会長には島袋さんが就任した。アグー保存会は県畜産課、県中部種畜育成センター（当時）、畜産試験場（当時）などの担当者や北部の養豚農家ら23人で結成され、アグーの保存を目的に飼養農家への助成金の交付や広報活動を進めることとしており、島袋さんに期待する声は大きい。

比嘉武則さん（1955年生）＝名護市

名護博物館の学芸員で、島袋さんたちとともに県下からアグーを収集した侍《さむらい》の一人。

1985（昭和60）年頃、宜野湾市の養豚農家であった米須清行さんから、アグーを譲渡したいという電話があり、早速宜野湾市に向かった。また、同時期に沖縄市在の渡久地さんからも電話がありそこへも向かった。本土復帰から12年も経っており、県内で飼養される豚の大部分は外国種の遺伝子が混入され、いわゆる在来豚アグーはほとんど見られなくなっていた。赤肉を好む食生活の変化と健康志向が優先し、ラードを必要としない生活形態になっていたので脂身が多いアグーは必然的に敬遠され淘汰されていったからである。生体取引上もアグーはワンランク下に位置づけられていた。

このような情勢の中で、名護市博物館が在来豚アグーの保存のためにアグーの血統を色濃く残す豚を収集していることを知った農家からの電話であった。早速、そこへ伺いこれらの豚を譲り受けてきたが、血統を調べていくといずれも名護宏明さんが出所元であったことが判明した。

アグーの剥製の前にたたずむ比嘉武則さん

苦労して収集し、一時的にせよ博物館で豚

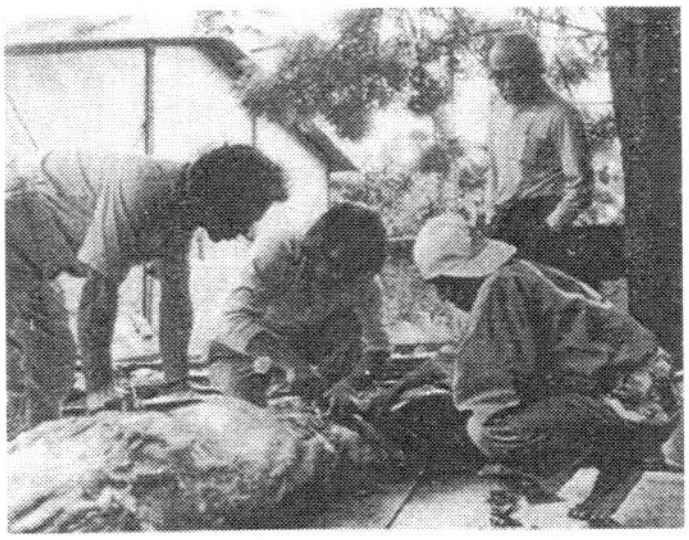

アグーの剥製作りに精出す当時の学芸員ら
（名護博物館準備室だより「はくぶつかん No1」
1982 年 10 月 1 日発行より転載）

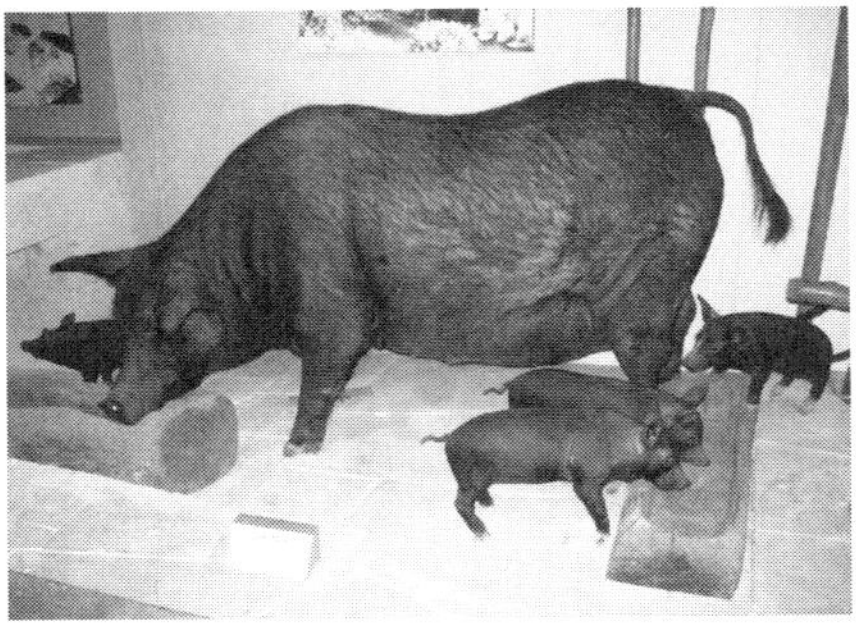

今にも動き出しそうな
アグーの親子の剥製

を飼っていたが、諸般の事情により飼えなくなり譲渡先を探すことになったのは先述したとおりである。

太田朝憲さん（１９３９年生・１９９５年逝去）

島袋さんや比嘉さんらの思いに反して、金にならないアグーの復興に関心を示す人はほとんどなく、そんなことをして一体何になるのかと非難までされる始末。このような時に救いの手を差し伸べてくれたのが北部農林高校畜産学科教諭・太田朝憲先生だった。幸いに北農には家畜を飼う広い農場があり豚舎もあった。１９８４（昭和59）年、名護博物館より雌雄７頭の寄贈があり、その年から戻し交配が始まる。

しかし、集められたアグーの系譜は、その時点で定かなものは何もなく、閉鎖的な小集団の中での近親交配の繰り返しにより、白色被毛や奇形児の出現、胎児数の減少等で大きな曲がり角に達していた。が、当時、恩納村安富祖で雑貨店を営んでいた金城利仁さんは、将来、焼肉店を経営する計画を立て、名護宏明さんからアグーを譲り受け、売れ残りのパン、牛乳、モヤシなどを給与し、アグーを15頭ほどまで増やした。しかしながら、解体して試食してみると全体的に赤肉よりも脂肪層が多く、特に背脂肪が極端に厚く、地域の方からの評判はすこぶる悪く、売り物にならないと見切りをつけ、母校の中部農林高校に無償での寄贈を持ちかけるが、要らないと断られた。だが、「捨てる神あれば、拾う神あり」。タイミングよく北部農林高校は近親交配による弊害除去に苦労していた矢先だったので、1989（平成元）年に金城さんから雌3頭、雄2頭を譲り受けることになった。この母豚の導入により北農アグーの体型は画期的に改善され、産子数も増え、奇形児などの出現も減少した。

ありし日の太田朝憲先生
（写真提供：伊野波彰先生）

このように太田先生を中心にアグーの改良を着実に進めていた矢先に、人事異動により惜しまれながら、1992（平成4）年に宮古農林高校へ転勤になる。満3年間勤め、1995（平成7）年に北農に戻るが、その時、北農の50周年記念パネルディスカッションの日に帰らぬ人となった。太田先生の急逝後、その研究は伊野波彰先生によって引き継がれていく。健在であれば、現在のアグーの復興ぶりにどういう感想をもったであろうか。

ところで後述する「今帰仁アグー」の高田さんも恩納村の金城さんの豚に目を付けていた一人であった

元の体型に近づいた北農のアグー（写真提供：伊野波彰先生）

母豚の乳房に吸い付くアグーの子（写真提供：伊野波彰先生）

が、北農に譲渡された後、こつ然とアグーが消えたので非常に残念がっていたようだ、と当時太田先生の下で実習助手をしていた伊野波彰先生（１９６４・昭和39年生・現八重山農林高校教員）は話してくれた。

名護博物館から北部農林高校に寄贈されたアグーについて、農協、養豚農家、食肉関連業者等の評判は悪く、経済的に不利な豚をなぜ飼育するのか、という疑問を学生や伊野波さん自身が感じていた。しかしながら太田先生は、伊野波さんや学生らにアグーの将来性について熱心に語りかけ、アグーの飼育管理、発情・妊娠・分娩、子豚の成長過程等について毎日欠かさず記録し研究を続けていた。

このように太田先生の調査に基づき研究され指導を受けた学生の論文は、対外的な研究発表会において、常に上位に入賞していたと、当時北部農林高校の同僚であった宮里朝光先生は話してくれた。

子豚の体重測定（写真提供：伊野波彰先生）

子豚の犬歯を切る生徒
（写真提供：伊野波彰先生）

伊野波彰先生

伊野波先生の思い出話の中で、太田先生から薫陶を受けたという印象的なエピソードがある。「野生動物は豊かな自然環境があれば生き延びることはできるが、家畜は人間の手を離れると滅びてしまう。これまで沖縄の人々の命をつないできた貴重な在来豚アグーを私と一緒に守っていこう」と諭したという。

太田先生は残念ながら、現在のアグーの復活・隆盛をみることなく若くして他界したが、アグーの復活に大きな足跡を残すとともに、北農ブランドとして名を馳せている「チャグー」の基礎を築いた功績は他の追随を許さない。「チャグー」とは、全身の被毛が褐色（茶色）、大型で成長が早く、しかも肉質佳良なデュロック種とアグーを掛け合わせた豚である。チャグーは商標登録され生産が需要に応じきれない状況である。

比嘉為裕さん（名護市字久志）

名護博物館準備室だより「はくぶつかん」No４（１９８３年３月１日発行）には次のようにアグーの分娩について記されているので、原文をそのまま掲載する。

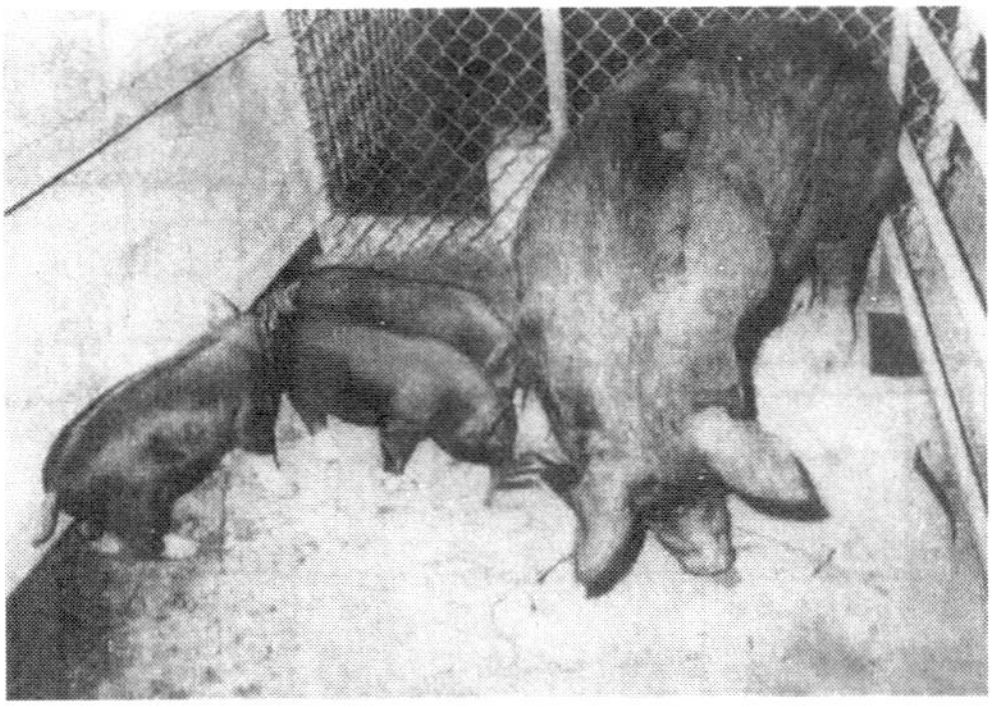

アーグー生まれる（名護博物館準備室だより・はくぶつかん No 4（1983 年 3 月 1 日発行より転載）

名護市字久志５４０・比嘉為裕さん飼育のアーグー（在来豚）のアヒャーウヮー（母豚）は、昨年12月9日に3頭（雌2頭・雄1頭）の子豚を生みました。初産のためか3頭と少ないが、順調に生育しています。足の太く短いところや尾の垂れ具合、胸椎から腰椎の湾曲、肩甲骨や上腕骨、それに寛骨と大腿骨のがっちりしている様子は、やはりアーグーの血を強く引いているからです。さらに肋骨の広がりや蹄の形や地についている状態もアーグーのそれに近いものです。３頭のうち雌2頭は、去る1月28日大湿帯のやんばる共同農場の上山和男さんが引き取り、飼育しています。いま、サツマイモや野菜の葉などのなま物や残飯を与えていますが、食欲はすこぶる旺盛で、まるまる太っていて、同農場では2頭ともアヒャーとして使っていき、芋づくりと組み合わせて一定程度まで増やしていく計算のようです。

放牧場でアグーとツーショット

放牧場でのんびり憩うアグーたち

高田勝さん（1960年生）＝今帰仁村

東京都品川区出身の今帰仁むーく（婿）、東京農業大学を卒業後、（財）生物学研究所を経て1984（昭和59）年に沖縄に移住。和牛の繁殖農家でもあり、牛の人工授精所も開設している。ちなみに現在、和牛の繁殖雌牛60頭、子牛が30頭、口之島牛の雄6頭、雌6頭、アグーが500頭、島山羊8頭を飼育している。また、2012（平成24）年から沖縄こどもの国の施設長を兼ねており、週5日は今帰仁村の自宅から沖縄市まで通勤する超人的な生活を楽しんでいる。取材のため初めて今帰仁村の高田さんの農場を訪れたが、瀬底島が見える高台の風光明媚な場所でのんびりと放牧されているアグーを見て、なんと幸せな豚たちであろうという印象を受けた。

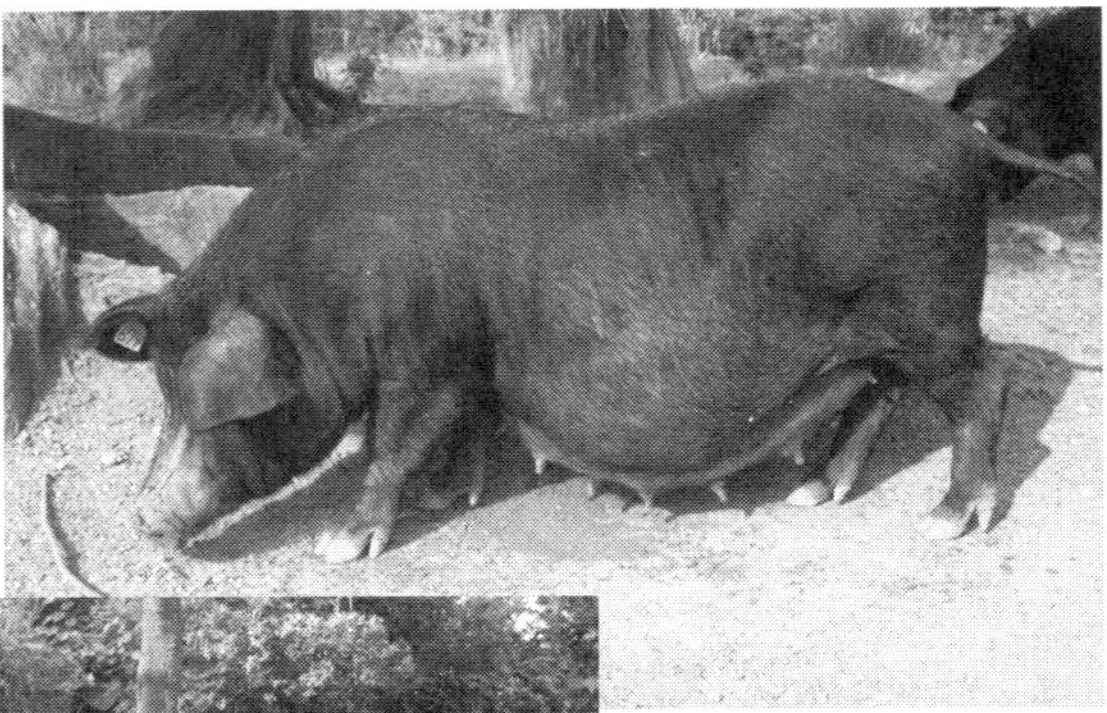

背は凹み、腹は地に
着きそうなアグーの雌

うなじの毛が逆立ち
野性的なアグーの雄

２０００（平成12）年に北部農林高校から10頭、石垣島から10頭のアグーを譲り受けたのがアグーとの出会い。アグーは生産性の低さから、西洋種と掛け合わせたF1「あぐー」の肉が巷にあふれているが、例え生産性が低くても純系にこだわったアグーを育てているのが、農業生産法人（有）今帰仁アグーの代表取締役・高田勝さんである。

高田さんはアグーの飼育に対する強いこだわりがある。遺伝子組み換えをしていない餌を選定し、コク、旨味、香り、脂の切れを出すために独自の配合を行い給与するとともに、家畜には土地柄が反映されるので、飼育環境は今帰仁村の風、雨、水、太陽で育てることを前提とし、健康のため種豚を放牧させ、草を食べさせ、風雨にさらし、海の潮風に打たせ、ぬた場で泥浴びをさせている。また、分娩時の子豚が小さいこともあり、授乳期間を西洋種の倍の40日前後とし、性成熟が早く、成長期が短いので、高エネルギーの飼料を抑え、1年ほどかけてゆっくり肥育するようにしている。

アグーの品種成立から製品成立につなげ、沖縄ブランドを確立したいという意気込みを語る高田さんはさらに続けて、アグーは長い歴史文化を背負う沖縄の財産なので大切にしてそれを活かす方法を探るべきであり、その一環として昔ながらのフール、茅葺き屋根の集落、無農薬野菜の畑を再現し、その風景ごとにアグーを保存する「情景展示」にも意欲を示している。さらに夢は広がりアグーを通じた地域おこしも視野に入れている。

なお、高田さんの農場では「今帰仁アグー」で商標登録されており、単にアグー豚とは呼ばない。また、1970年代初頭に石垣島から導入した素豚と沖縄在来豚アグー保存会の豚を系統維持している。これが他のアグーと異なる特徴であろう。

我那覇明さん（1949年生）＝宜野座村

沖縄県養豚振興協議会会長、沖縄県北部食肉協業組合理事長、有限会社我那覇畜産代表取締役など豚に関する団体の要職をいくつも兼ねている根っからの養豚人である。旧久志村大川の出身で、元々は現在の養豚場がある場所で、ミカン、パイン、サトウキビを栽培していたが、耕種農業は台風や干ばつの影響が大きいことから1970（昭和45）年に養豚を始めた。養豚は牛に比べると初期資本が安上がりで、多産で収益の回転率が良いので養豚にした。当初

アグーの子豚を抱く我那覇さん（アグー村にて）

は繁殖豚1頭から開始した。2～3年ほど経過し徐々に頭数を増やし、300頭ほどになった時、ちゃんとした豚舎を現在地に増設した。今では繁殖豚700頭を擁し、全部では3000頭を超す個人では有数の大規模養豚農家となっている。

我那覇さんはアイデアマンで、山原島豚、山原アグー、琉美豚などのブランド豚を作出し、県内の大手スーパーや県外にも出荷し、好評を博している。

丸々と太ったアグーたち（アグー村にて）

アグーとの最初の出会いは20年ほど前になるが、その時は上手くいかずにやめてしまった。が、10数年前に北部農林高校から雄雌数頭を導入し、バークシャー種と掛け合わせ、山原アグーなどの銘柄豚を世に送り出している。

また、2014（平成26）年12月には、敷地内に「アグー村」をオープンさせ、アグーのパレード、アグー肉を主体としたレストラン、お土産用の加工品販売など、生産のみならず多角的な経営で、「沖縄のアグーを世界のあぐーへ　夢・希望・養豚農業」をモットーにアグーのさらなるレベルアップを図り、イベリコ豚に勝るとも劣らないアグーを世界のアグーにするために頑張っていきたいと抱負を述べてくれた。

さらに、レストランの二階には資料室を併設し、沖縄における養豚の歴史、世界の豚の品種、アグーの特徴などのパネルなどを作成し、入場者に理解を深めていきたいという希望をもっている。さらなる我那覇さんの活躍を期待するとともに資料室の充実に筆者も微力ではあるが、協力したい旨を伝えてアグー村を後にした。

口蹄疫やその他の伝染病の場内侵入を阻止するために、多くの場所に消毒薬を入れた踏込槽を設置している。また、部外者は絶対に豚舎には入れないよう厳重に管理している。

二、アグーの飼養頭数と出荷頭数

アグーの純粋種の飼養頭数は、２０１２（平成24）年末現在、１０００頭弱で、豚全体24万８０００頭強の４％に相当する。あぐーの出荷頭数は３万頭余で、豚全体35万頭余の８・６％であるが、これは「止め雄」にアグーが使われていれば、「あぐー」の表示が出来ることによるものである。なお、止め雄とは一代雑種や三元交雑種を作出するときに最後に交配する雄豚のことである。

三、アグー肉の流通と価格形成

一般の豚肉の流通は、生産者→県内の屠畜場・検査・格付→生産者・契約会社・卸売業者→（直営店、仲卸業者）→小売店・精肉店・外食産業のルートを経ているが、アグー豚は小柄で正肉の歩留まりが悪く枝肉重量も軽いうえに脂肪層が厚いために、現在の格付基準に馴染まず不利であることから、検査後の格付は行わず生産者は直営店や契約会社を通して、小売店・精肉店・外食産業へ出荷するのが常である。

また、一般豚肉の価格形成は、沖縄県食肉センターが大都市屠場価格と連動した産出法式で決定するが、おおむね１kg当たり３５０円～５００円である。一方アグーの価格は生産者と契約会社などの間で決定するが、おおむね１kg当たり５５０円～６００円で取引されている。これは一般豚の格付の等外～上の、単純平均4割高、等外価格の6割高に相当する。

四、アグー保存会の設立

アグーの維持と普及を目的とした、アグー保存会が2001（平成13）年1月27日に北部農林高校の寄合原農場で結成された。先に述べたように、アグーは戦後一時、絶滅の危機にさらされながらも、一部の有志や関係者らの尽力により復活した。保存会の初代会長には、名護博物館初代館長の島袋正敏氏が就任した。アグー保存会は県農林水産部畜産課、県中部種畜育成センター（当時）、畜産試験場（当時）などの担当者や北部の農家ら23人で結成された。同会では今後、アグーの保存を目的に、飼養農家への助成金の交付や調査および普及啓発を推進する。

北部農林高校の実習助手（当時）、伊野波彰さんは「一部の組織だけで交配を続けると血が濃くなり、維持や保存に限界があった。今後普及が図られることで、鹿児島の黒豚に負けないブランド豚を創出することが期待できる」と話した。設立総会では会員から「アグーは今後の普及によって県の特産品になり得る。保存と同時に優れた肉としてアピールし、普及を進めていきたい」などの意見が出た（2001・平成13年1月31日付「琉球新報」参照）。

五、アグーの肉は美味しい

琉球大学資源利用化学研究室の分析結果によると、アグーと市販豚肉をばら肉（三枚肉）で比較すると成分組成の粗タンパク質含有量は、アグー19・8％（市販豚肉は14・5％）、コレステロールは新鮮物100グラム中10・2ミリグラム（同44・9ミリグラム）、旨味成分のグルタミン酸は新鮮物100グラム中10・7ミリグラム（同4・2ミリグラム）となっている。

ヘルシーで肉質や味がよく脂肪は甘みがあり、しゃぶしゃぶにしてもアクの出が少ないといわれている。生産性の悪さゆえに淘汰されたアグーが今、皮肉にも食の豊かさを求める人々に受け入れられ復元された。今日の飽食の時代、人間の食への欲求は限りなく続いていく。

2013（平成25）年9月7日付「沖縄タイムス」の「目指せ世界一うまい豚」のタイトルが目を引く。県畜産研究センターが、旨味の高いアグーのDNAを特定し、育種改良につなげる技術開発に取り組んでいる、という内容である。DNAの塩基配列を高速で読み取る装置を使った新たな育種改良システムを向こう5年間を目標に構築するという。

甘さととろけるような舌触りを生み出す主要成分であるオレイン酸の含有量が高く、霜降りで肉質の柔らかいアグーを創ると意気込んでいる。豚肉の最高級とされるスペインのイベリコ豚を超える沖縄発「世界一おいしい豚」を目指す。

将来的には発育が早く、肉付きが良い、大量に増産できるアグーに改良し、海外に輸出できる競争品目に仕上げる考えである。県の「世界一おいしい豚肉作出事業」は2017年までの5年間継続し、事業費は約3億円としている。

これからもアグーは改良され、ますます発展していくことが期待されている。

六、片仮名の「アグー」と平仮名の「あぐー」

時代の趨勢によりアグーは次第に外国種の豚にその地位を奪われ、一時絶滅の危機に瀕したが、一部の有志により元のアグーに近い、体型やDNAを持ったシマウヮー（島豚）を収集し、戻し交配により復活させたことは既に述べた。

県下に散在するこれらの純粋に近い島豚を1頭ごとに体型、毛色やDNA鑑定など科学的根拠に基づき調査した結果、数十頭を選抜し、これらの豚を片仮名の「アグー」としてJAおきなわが商標登録した。

しかしながら、その飼育方法や飼料にも細かい規定があり、それを嫌う一部の養豚農家は独自の飼育方法で純粋のアグーに近い豚を飼育しているが、商標登録上、これらの豚は「アグー」の呼称を許されない。

一方、JAおきなわで認定された「アグー」に、ランドレース種（L）、大ヨークシャー（W）、デュロック種（D）などを掛け合わせた（LW）、（WD）、（LD）などに、止め豚として「アグー」の雄を掛け合わせた豚は、平仮名の「あぐー」を使用することが許される。が、（L）、（W）は白色、（D）は褐色のため、「アグー」は黒いが、「あぐー」は白色や白黒斑や白褐色斑の文字通り色々な「あぐー」が出現する。

それゆえに、元のアグーに近いシマウヮーを飼育している養豚農家と、白い「あぐー」を生産しているJAおきなわとの間でホットな論争を展開している。

しかしながら、一般消費者にとって肉屋やスーパーに陳列されている豚肉が「アグー」か「あぐー」の区別を知る由もない。そもそも片仮名の「アグー」、平仮名の「あぐー」が存在するのさえ知らない。焼き肉店やしゃぶしゃぶ店の大方の顧客にとってもその実態は知られていないと思う。

生産者の顔や飼育履歴が一目でわかる明確なトレーサビリティーを確立するとともに、片仮名のアグーと平仮名のあぐーの名称のまぎらわしさを別の表示に変えることを提案したい。

七、TPP（環太平洋連携協定）締結後のアグー

TPP（環太平洋連携協定）は、2010（平成22）

年3月に貿易と投資の新たな協定作りを目指して協議を始めてから、5年を超える長期交渉となっていたが、このほど大筋合意に至った。

ある程度予想されていたとはいえ、農政は高い関税で農産物の輸入を制限して農家を保護する従来の路線から転換を迫られる。豚肉は高い価格帯の部位にかけている現在4・3%の関税を10年目に撤廃。安い部位も1kg482円を10年目に50円まで引き下げる。セーフガードを導入するが、12年目以降は廃止するとしている。

日本の食料自給率は5年連続で39・1%と過去最低の水準を低迷しており、各国の国内手続きを経てTPPが発効すれば、自給率が一段と低下する懸念がある。豚肉はソーセージなどの原材料に使う低価格品の関税は大幅に下がり、高級品の場合は関税が撤廃される。安価な輸入肉が食卓に上る場面が増えそうだと新聞は解説している。

一方、沖縄県養豚業振興協議会の我那覇明会長は、「沖縄は本土に比べ輸送費が高く、飼料代も高い。農家の規模も小さいため、海外の安い豚が入れば採算が取れない。産業が衰退すれば屠畜場や機材、餌の販売業者にも影響が及ぶ」と懸念した。

コラム3
アグーとイベリコ豚

　イベリコ豚とアグーは面白いことに共通点が多い。イベリコ種の豚がいるのはイベリア半島の中部から南だけである。理由は南部にはイベリコ豚の餌になる樫の木が生えているが北部にはないからである。で、イベリコ豚はポルトガルにもフランスの一部にもいる。イベリコ豚は今から５５００年前（ＢＣ３５００年頃）にイベリア半島にいた野生のイノシシを先祖とし、その後、様々な豚との交配を経て、スペインの大航海時代（15~17世紀）にアジアから移入された豚の血が混じったものといわれている。もしかするとアグーかも。

　イベリコ豚はヨーロッパに残る唯一の放牧豚で、一般的には黒い皮膚と硬い毛が特徴である。イベリコ豚は筋肉組織内に脂肪を交雑させる能力に長けており、オレイン酸、ビタミンB群、抗酸化物質を蓄積できることから、足の付いたオリーブ（の実）ともいわれている。

　戦後から１９６０年代まで、イベリコ豚の需要は現在のように生肉や生ハムではなく脂肪（ラード）だった。庶民は貧しかったので、肉ではなくラードをパンに塗ったり、豆と煮込んだ。また、脂はガラス瓶に詰め、焼いた肉をそれに入れて保存に使った。そうすることによって食品は長期間の保存に耐えた（沖縄でもラードの中にチキアギ等を保存した）。ラードは北部のガリシア地方では、そこの産品と物々交換することもあった。

　イベリコ豚は脂身が多い豚だったので大変珍重された。その頃はまだ肉の味の美味しさはあまり話題にはならなかった（沖縄のラード偏重の時代が重なる）。事情が変わったのはスペイン国民が豊かになってきた１９６０年代後半からである。イベリコ豚の美味しさが広まり、生ハムの価値が高まった。が、イベリコ種の豚の数は限られている。そうなると計算高い人間が考えるのは手っ取り早く数を増やすことである。心無い生産者は、イベリコ種の豚と他の品種（ランドレース種や大ヨークシャー種）を掛け合わせ交雑種を創り、数を増やしていった（アグーの消減と同様な経過をたどった)。

その影響で90年代には純粋なイベリコ種の頭数が激減し、良心的な業者はこのままでは絶滅するという危機感のもとにイベリコ豚を守る生産者協会を立ち上げた。目的はイベリコ豚を絶滅させないために、むやみな交雑を禁ずるといった規定を設けた。

その骨子は次の3点に要約される。

1、イベリコ豚とは、母豚が純イベリコ種の豚だけに限る。

2、種豚は純イベリコ種の豚もしくはデュロック種に限る。

3、イベリコ豚と呼べるのは50パーセント以上、純イベリコ種の豚の血が入っているもの。

(母豚がイベリコ種で父親がデュロック種の豚はOKだが、その子供が他の品種の豚と交配されたものはイベリコ豚とは認めない)。

どんぐり(Wikipedia より転載)

どんぐり(Wikipedia より転載)

どんぐりを食べ丸々と太った
イベリコ豚(Wikipedia より転載)

そして、イベリコ豚にはどんぐり(樫の実)を食べさせる豚と食べさせない豚がある。肉の味はもちろん、呼び名も変わる。

ベジョータ(純イベリコ種)

毎年7月から8月に生まれた純イベリコ種の豚のうち、生後3カ月を経過した段階で骨格の良いもの、発育が良いものを選抜し、餌は最低限必要量だけを給与し、生後1年を経過した翌月の8月に、その年のどんぐりの収穫量を予測し、最終的な放牧頭数を決める。

ベジョータは生後15カ月経過した10月から11月にベジョータ放牧場(どんぐりの森)で肥育が始まる。ベジョータは最初餌をやらずにガリガリに痩せた豚にして、それを放牧させるのだ。

ベジョータは放牧場で熟した樫の実とコガネウマゴヤシ、ストランドメディク、クローバーなどのハーブ類をもりもりたべ一気に太る（1頭のイベリコ豚を育てるには1トン以上のどんぐりと2～3ヘクタールの樫の森が必要とされる）。

セポ（どんぐりを食べさせられていないイベリコ豚）

これには次の二つがある

A　純イベリコ種（100パーセント）のセポ

たとえ7、8月に誕生した豚でも、その年のどんぐりの収穫量が少ないために選抜されなかった豚は、生後3カ月を経過した後も、大麦や小麦を主とした穀物を不断給餌し肥育する豚で、生後10カ月以上経過して体重が160キロに仕上がった豚をセポとして屠畜する。つまり豚としては純粋であるが、どんぐりを食べずに育ったためナッツ臭はしない。が、肉の味はそれでもイベリコであり、黒豚より一段上の風味がある。

B　イベリコ種の入ったセポ（純イベリコ種♀×純デュロック種の♂）

純イベリコ種のセポ同様、大麦、小麦を主とした穀物の不断給餌で肥育する豚。最後10カ月以上経過し、かつ、約160キロに仕上がってから屠畜する。これもどんぐりを与えられていない（野地秩嘉『イベリコ豚を買いに』参照）。

現在、アグーの表示でカタカナ、ひらがなで混乱しているが、イベリコ豚を参考にしたわかりやすい名称は考えられないのか、関係者に提案したい。

生ハムをスライスする店のオーナー（マドリッドのレストランにて）

生ハムを前にして嬉しそうな筆者（スペイン南部のドライブインにて）

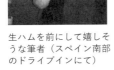

第二章　沖縄と豚との関係

第一節　野生から家畜に

一、イノシシから豚へ

豚はイノシシを改良したものと言われている。豚は新石器時代、人類が農耕を開始した時期に、中国、インド、西アジア、ヨーロッパでそれぞれ土着のイノシシを馴化《じゅんか》して家畜化したものであると考えられている。イノシシが豚の祖先であるといわれる根拠として、染色体数が双方とも36であり、どちらを雄にしても雑種が生まれ、そのF1すなわち雑種の1代目は、雌雄とも正常な繁殖能力を有することが挙げられる。しかし、不思議なことに、豚の家畜化の歴史は他の家畜に比べて古いのにも関わらず、現在でも祖先種であるイノシシは世界各地に広く分布している。これは他の家畜にはみられない現象である。

それゆえに現在のイノシシが祖先種のイノシシなのか、豚が野生化したものか、今なお論争が続いている。パプアニューギニアやポリネシアのイノシシがそうであり、沖縄のリュウキュウイノシシも争点の一つとなっている。

このような中、国内を揺るがすセンセーショナルな出来事があった。１９６７（昭和42）年に、具志頭村（現・八重瀬町）港川の採石場で縦に走る割れ目（fissure）から、人骨とともにイノシシの化石が発見され注目された。これによりイノシシは有史以前の洪積世（約１万８千年前）から棲んでいたことが判明した。

時代は下り、２００２（平成14）年3月６日付「琉球新報」に「7千年前に沖縄でイノシシ〝飼育〟」の見出しで興味深い記事が掲載されている。

この遺跡は、沖縄県最古の縄文遺跡とされる野国B貝塚（嘉手納町）。鼻の骨の特徴や当時の東アジアではブタは飼育されていなかったことなどから、出土した骨はブタではなくイノシシと判断した。ブタは縄文時代晩期（紀元前5世紀頃）に稲作農耕とともに大陸から伝来したとの見方が定着しつつあるが、イノシシの〝家畜化〟を示唆する今回の発表はこれを大きくさかのぼる。

二、沖縄への豚の来歴

一方、これより1年前の2001（平成13）年3月1日付「琉球新報」の「県内最古の豚の骨」の見出しが目を引く。

北谷町桑江の後兼久原遺跡から出土した獣骨が、県内で確認された中で最古（14世紀前半）のブタの骨であることが琉大農学部の川島由次教授らの研究で分かった。沖縄へのブタの移入は明から14世紀後半にもたらされたとする説が有力だが、それよりも約半世紀も古い骨の発見は14世紀以前の海外との交流、物流研究に新たな示唆を与えることになりそうだ。川島教授によると大きさとしてはリュウキュウイノシシの骨に似ているが、イノシシ特有の滑車上孔がなく、ブタの骨

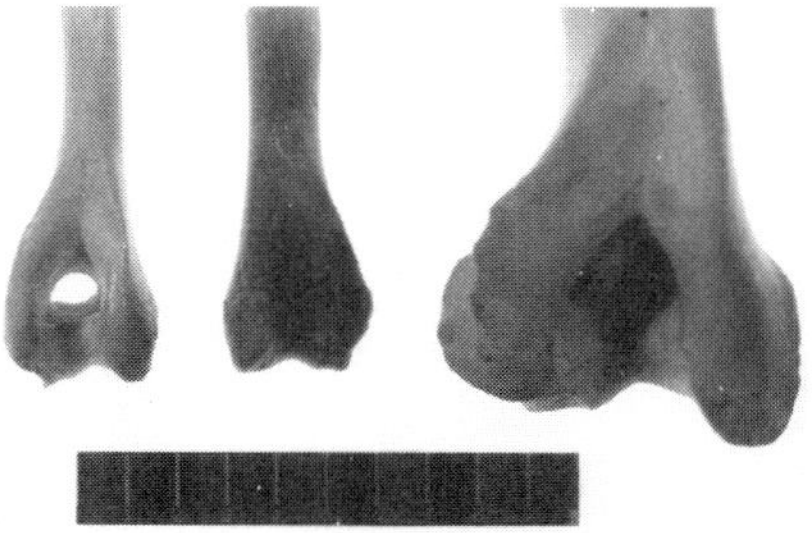

後兼久原遺跡から出土した豚の上腕骨（中央）、左は琉球イノシシのもので滑車上孔（穴）が確認できる。右は現在の豚（体重200kgのランドレース）、下部のスケールは10cm
（写真提供：故・川島由次琉球大学名誉教授）

と判断できるという。沖縄へのブタの導入は正確には分かっていないが、14世紀後半に明から渡った久米三十六姓らが持ち込んだとする説が有力。それ以前からの導入を主張する説もあったが、証拠となる史料がなかった。

さらにややこしいことに前記事と同日の「沖縄タイムス」には「豚いつごろ沖縄に」の見出しとともに「グスク時代が最古・比較解剖学」「弥生時代へ移行期に・DNA解析」のサブタイトルが躍る。

沖縄に豚がいつごろ入ったかをめぐって、「14世紀のグスク時代までさかのぼる」とする解剖学的研究と「DNA分析で弥生時代（3世紀以前）に既にいた」とする遺伝学的研究の二つの異なる研究結果が今年、相次いで発表された。いずれも14世紀末の久米三十六姓とともに大陸から入ってきたとの説より古いことを示しているが、導入時期の差が千年以上離れていることから議論を呼びそうだ。

こうしてみてくると、沖縄への豚の導入時期について一言で決め付けることは難しいが、今のところ中国との交易が営まれて以来「14世紀以降」の説が有力のようである。

慶留間知徳『琉球千草之巻』によれば、１３８５年頃（約６３０年前）察度中山王の使者・泰期が中国から帰還のときに種豚を持ち帰り、人民に配り飼育と繁殖を図り、肉は食用に供したとあり、沖縄で初めて豚を飼い始めた時期としている。が、先述したように、当時、既に沖縄では豚が飼われていた可能性は大であり、泰期が持ち帰ったとされる豚は沖縄における豚の起源ではなく、元々飼われていた在来豚の改良に貢献したものとするのが妥当ではないか、と當山は『沖縄県畜産史』の中で述べている。筆者もこの説を支持するものである。

三、豚の語源

ウチナーグチ（沖縄語）でブタのことを「ウヮー」と発音するが、ネイティブでないと発音は難しい。表記もいろいろあるがここでは、引用文献以外は「ウヮー」に統一する。奄美群島でも同じく「ウヮー」と呼んでいる。言語学的なことは門外漢であるが、このことは17世紀初頭の薩摩の琉球侵略以前から、奄美群島でも豚は広く飼われていた証左ではないだろうか。

その一例として、伊波は「南島方言史考」で次のように記している。

　ゥワーという音節の語が、もとoa>ua又は「おあ」であったことは確かである。豚は最初（14世紀初期）山東省から輸入されたという言い伝えがあって、現にSantonwaなどといっている。（中略）後藤朝太郎氏の語るところによれば、仔豚の福建語はwaで、これで琉球方言のwaの語源が説けるような気がする。「琉球館訳語」に「猪、鳥羽」とあるから、今日と同じとなえ方をしていたことがわかる。

ところで、中尾佐助は日本語とは異なる沖縄方言の単語が、ビルマ語に似ている例を挙げている。「これを日本語、沖縄の方言、ビルマ語の順に書けば〝ブタ、ウヮー、ウワッ〟、また〝櫛、サバチ、サバシ〟のようになる。これが偶然であるのか、あるいは意味のあることであるかは今のところ結論は出せない。今後の研究によってははっきりするであろう」と述べている（1976・昭和51年11月12日付「琉球新報」）。

さらに2004（平成16）年1月18日付「沖縄タイムス」「私の主張あなたの意見」の欄に石垣市在の大島さんは「ウヮー（豚）は中国から由来」のタイトルで投稿している。

沖縄の方言で、豚のことを「ウヮー」と言う。この発音は、他府県人には難しいようである。この言語は中国語から伝わってきたもののようで、語源は豚の鳴き声からといわれている。14世紀から15世紀にかけて、進貢の初期、中国から人々が琉球へ渡ってきた。後の久米三十六姓である。そのとき彼らは、養豚の習慣と同時に、この言葉を持ち込んだといわれている。この「ウヮー語圏」は広く、インドから東南アジア、ポリネシア、フィリピン、中国南部、台湾まで及んでいる。沖縄はその北限というわけである。ちなみに、八重山地方では石垣4カ字が、「オー」、宮良は「オンタ」、白保は「ウワ」、竹富は「オー」、黒島は「ワー」、西表は「ウワ」、新城は「ワー」、鳩間は「オー」、小浜は「ワンタ」、波照間は「ウワ」、与那国は「ワー」となっている。

また、渡嘉敷綏宝『豚・この有用な動物』の中で、「日本語語源辞典にもウヮーは擬声語と書かれている。なお、中国の福建省泉州あたりではウヮーは豚のことで、幼児語に由来する言葉である」と述べている。また伊波普猷は、『南島方言史考』において、福建語の仔（ワー・こぶた）の転化であろうと推定している。

四、豚の字の由来

中国や台湾では、ブタを「猪」と書き、日本でいうイノシシは「野猪」または「山猪」と書く。したがって十二支でいう「亥」は日本ではイノシシのことであるが、中国や台湾では豚となっている。韓国やベトナムのカレンダーにも十二支の絵が出てくるが、それは明らかに家畜化されたブタであり、「亥年をイノシシとするのは、日本だけの特殊現象かもしれない」と、とんじ+けんじ共著『トン考』に記されている。ブタは多産であり子孫繁栄に繋がることや財産を増やすという考えから、亥年は十二干支中で最も喜ばれる。また、そのイメージから中国や台湾では豚型の貯金箱に人気が集まる。

漢字や十二支が日本に導入された時期には、ブタは日本に存在しなかったとも考えられる。大陸からブタが日本に移入された時期と関連があるかもしれない。

「亥」や「豕」は象形文字から発しており、関連する文字として「豚」や「家」がすぐに思い浮かぶ。「家」という字は「宀」と「豕」から成り立っており、豚は一つ屋根の下に人と一緒に住むほど大切に飼われていたことを意味している。また、「囗」の中に「豕」を入れると「圂」という字になり、石垣に囲まれた豚小屋あるいは豚便所の意味になる。かつての沖縄のフール（豚便所）はまさにこの字のとおりである。

五、豚と寄生虫

1933（昭和8）年4月に沖縄県衛生課から出された「衛生に関する参考書類」に当時の衛生状況を記した貴重な文書を見つけた。

原文は旧漢字と片仮名で書かれているが、ここでは常用漢字と平仮名を使用する。

人体寄生虫病に関する件

本県においては県民の能率を低下し、農村壮丁の体躯を矮小ならしむる一因として、各種腸内寄生虫、即ち十二指腸虫、回虫、鞭虫、蟯虫、東洋毛様線虫等の存することは別表の如く、大正10年以降昭和7年まで県下各地における寄生虫検査および駆除によりて、その効率なるを知り得可し、ただここに注意を要するは、検出困難なる条虫卵にして本虫は体節中に卵を包蔵し腸内腔産卵せず。従って卵を糞便中に混ずるは偶然のことに属す。

表5には条虫卵の検出数至って僅微なるが如きも、事実はむしろ十二指腸虫卵数にも比すべき人数にして、今や全県下を風びせんとしつつあり。他府県の条虫は主として無鈎条虫にして、肉牛の感染したるものを食するによりて人体に移行するに反して、本県ののは豚肉を介して誘起せられる有鈎条虫にして、他府県にしては稀有の寄生虫なりとす。無病の豚は条虫患者の糞便と条虫体節の混じたるものを食するため嚢中豚となり、さらにこれを人類の食膳に上すことによりてこれを食する人、条虫病に罹る。かくのごとく条虫は人間と豚の間を往来して、子孫を繁殖しつつあり、近似県下各地において嚢虫豚の発見率多くなれるの事実は条虫患者の増加したることを裏書きするものとす。

表6のごとく屠場にて発見せらるる嚢虫豚数は、各地を通じて年々増加するのみならず、その分布漸次拡大するに至れり。那覇屠場のごときはその頭数において増加せず、却って減少の傾向にあるがごとく見えるも、これ仲買人即ち屠畜業者が自己損失上の関係より病豚を診断する方法を研究し、容易にこれを屠場に移入せざるによる。その嚢虫豚は大抵自家用に供し、もしくは密殺してこれを廉売す。かかる肉はパパイア肉と称し、安価にて民間に提供せらる。一般無知の民衆はこれを無害と信じいるを以て喜んで売買せらるる有様なり。ゆえに本県より条虫病を駆除せんとせば屠畜検査において厳重に取り締まるは勿論なるも

［表 5］人体寄生虫調査成績（大正 10 年～昭和 7 年）

虫卵保有者

種類	人数	%
十二指腸虫	9,617	36.65
回虫	17,329	66.05
鞭虫	11,109	42.34
東洋毛様線虫	349	1.33
蟯虫	161	0.61
肺ジストマ	8	0.03%
有鉤条虫	24	0.11
横川吸虫	24	0.11
ストロンギロイデス	100	0.38%

【注】原本の表には市町村毎に検査人員等も詳細に集計されているが、ここでは虫卵保有者の合計のみを記載する。

［表 6］豚嚢虫病各郡市別（大正 5 年～昭和 6 年）

年	那覇市	首里市	島尻郡	中頭郡	国頭郡	宮古郡	八重山郡	合計
大正 5 年			3					3
7 年		3	9	1				13
8 年		2	38	10				50
9 年	12	8	106	49	2			177
10 年	7	9	53	39	2	2	1	113
11 年	7	6	61	53	3	1		131
12 年	9	10	96	79	24	1	5	224
13 年	8	13	113	69	26	2	5	236
14 年	12	14	171	64	20	11	8	300
昭和元年	9	36	344	138	58	4	56	645
2 年	15	21	191	122	65	7	62	483
3 年	10	12	75	80	92	7	65	341
4 年	6	7	74	62	108	4	57	318
5 年	6	10	61	73	136	3	40	329
6 年	4	7	102	76	128	1	28	346

【注】原本の表には罹患豚は牡牝別になっているが、ここでは合計数を示す。

一　衛生講習会、家庭主婦会等の会合において食肉衛生の知識を普及すること

二　条虫患者を発見せばただちに駆除を命ずること

三　有病地より嚢虫豚もしくはその疑いあるものの売買禁止（移動監督）

四　自家用並びに密殺豚の取締、前者においては警察官を立ち合わせしむること

五　警察官に獣肉鑑別の知識を涵養する

六　養豚兼便所の廃止にあれども右のうち、実行困難のものは延期し、昭和8年度において県としては知識向上のために衛生講習会を10ケ町村に開催し、条虫患者を発見するために寄生虫検査を予算の範囲内において、なるべく多数に行き渡るよう施行し、他の一般寄生虫を発見する

この当時、県内では寄生虫病が蔓延していたことがよく分かる。特に豚嚢虫による条虫症の撲滅には並々ならぬ決意の程がうかがえる。そのために密殺の取り締まりに警察官を立ち合わせたり、その鑑別の知識を習得させたり、フールの使用を禁じる等、県をあげてその対策に力を入れていることが伝わってくる。

六、豚の伝染病

先述の資料の中の「豚伝染病予防に関する件」、「豚伝染病の予防撲滅方法」、「予防対策」、「豚肉需要状況」の項目に目が点になる。併せて紹介する。

豚伝染病予防に関する件

本県の養豚は農家唯一の副業にして、古き伝統と歴史を有し現今の養豚数12万余頭に達し全国中首位を示し、農家は戸毎に1頭〜3頭の豚を飼育し生活の資に供しつつあり。しかるに明治41年以来、豚の伝染病流

行猖獗して斯業の発達を阻害し、その後数年を経て一時終息状態にありしが再び台頭し、大正9年11月にいたり俄然爆発して全県下に蔓延し為に甚大なる被害をこうむり、各市町村共この病、今に絶えず、加うるに大正15年拍車的に豚丹毒発生し、以来農民はほとんど餓死線上にあえぎつつある状態にして、無恙に発展の途上にありし養豚業は、重来の豚疫に襲われ、その振興上一大蹉跌を来すに至れり。

農家の現金収入、サイドビジネスとしての養豚の重要性がよくわかる。当時は家畜衛生および公衆衛生思想が低かったため、人の寄生虫や豚の伝染病の発生も頻繁にあったようである。豚の病気は方言で「フーチ」と呼ばれ、農家から恐れられていた。

当局は豚の伝染病予防や撲滅のため次のような対策をとっている。

豚伝染病の予防撲滅方法

豚伝染病の予防、撲滅は予防接種をなすこと効果甚大なるを以て、これに俟たざるべからず。しかして予防接種は緊急予防と長期免疫を享有せしめる方法の2種あり。前者は免疫血清注射にして有効期間約四週間、後者は予防液注射にして有効期間約6カ月なり。目下この方法を行い予防撲滅に邁進しつつあり、これらの注射液は県立獣疫血清製造所の製品にしてこれを最近6カ年間の年月を示せば別表のごとし。

予防対策

本県豚伝染病の損害は、県民の家畜衛生思想幼稚なると予防接種量の不足に起因す。注射液の製造量は前表に示せし如くなれども、免疫血清の有効期間は短期なるを以て勢い予防液に依らざるべからず。しかして

［表 7］最近 6 カ年間の豚丹毒免疫血清注射成績調査

年別	飼養頭数	注射頭数				応用液量
		予防	治療	計	%	
昭和 2 年	111,247	2,482	955	3,437	3.09	73,950
3 年	120,466	6,037	104	6,141	5.10	90,950
4 年	121,154	15,059	706	15,765	13.01	34,510
5 年	120,499	7,794	349	8,143	6.76	142,400
6 年	118,976	1,754	467	2,221	1.87	53,400
7 年	118,976	8,663	347	9,010	7.57	133,700

【注】原本の表には罹患豚は牡牝別になっているが、ここでは合計数を示す。

予防液の有効期間は記述の如く6カ月を以て完全なる予防を遂行するにおいては、豚コレラ、豚丹毒予防液を年間2回あて注射すること緊急なりとす。しかるに現今製出する液量を以ては予防注射豚数約56万頭分に不過、ゆえに本県現在の養豚過半数は予防注射をなすこと能わず、常に危険の状態あり、殊に伝染病発生以来既に20年有余年を経過し、県内いたるところ有病地帯にして病毒は屈強にして容易に征服することを能わず。これに反し予防なお微温姑息的なる感あり、かくては養豚業の健全なる発達を期すべからざるを以て、徹底的方法を講ぜんには、県下2市3郡の各市町村における、10万余頭の養豚全般に予防注射を励行するほか良策なきを痛感す。

本県における臨時防疫獣医は現在18名なるも、もし予防液の製量を現今に比し200万瓦増加し、県下の健豚に対し注射を行わしむるとせば防疫獣医1名、地方技師1名を増加し一面、種々の宣伝方法により、年末の慣習等を矯正指導し、家畜衛生思想の啓発を図り、以て向後完全なる防遇に務むるにおいては、本県の養豚業の発達を期し、県下農民の経済を充実せしむること信じて疑はざるものなり。

ワクチンの増産と獣医師や技術員の増員を掲げ、接種頭数を増やせば病気も撲滅できることを声高に叫び、畜産業の発展を夢見ている担当者の姿が目に浮かぶようである。

七、豚コレラと血清注射の効能

養豚どころで有名な本島中部の具志川村（現うるま市）の状況を『具志川市史』は次のように書いている。

今年も亦た、暑気相催し来りたるより、中頭郡の読谷山、美里、具志川3カ村に豚コレラ発生したりとの報あり。而して、時重獣医学博士の発明に係る豚コレラ血清の効能は如何と聞けば、昨年来の試験に依れば、既に病毒に感染したるものに対しては効能を認めざるも、健康体のものに之を注射し置けば、重病豚と一所に置くも伝染することなく、又、之を注射せざるものと病豚と一所に置けば、殆ど伝染せざるなき有様して、此の試験は幾度も之を試み、予防の効能あることは疑ひなしとの事なり。去れば、広く之を実施して、此の悪病を撲滅せんとすれば、本県に血清製造所を設置し、安価を以てあまねく之を施用せしむるの必要ありと云へり。吾人は想ふ。其の血清注射が果たして確実に予防の効果があるならば、県民は決して其の費用を惜しまざるべしと。尚ほ又た、現今1豚に要する血清の価格は80銭乃至1円なりとす（明44・5・30沖縄毎日新聞）。

各地で豚コレラが発生していたことがわかる。予防注射の有効性と必要性を述べている。当時の1円は相当高価と思われるが、豚1頭の補償額には変えられない。当時の獣疫予防法は、伝染病発生時には豚の移動を禁じていたらしいが、違反者もいたようである。新聞はその様子をこう伝えている。

獣疫予防法違反

中頭郡具志川村字兼箇段・花城○○、同村字宮里・我謝○、同村字兼箇段・仲真○、那覇区字久米・神山○○等は、島尻郡糸満町及中頭郡北谷村に飼養中の豚を右両所に豚疫流行の際にも係わらず、各自共謀して他村に豚の輸出をなしたる廉により、獣疫予防法に問はれ、花城○○は罰金10円に、他3人は各5円宛の罰金を課せられたり（1909年・明42年9月21日付「琉球新報」）。

新聞では実名で公表されているが、ここでは伏す。当時としては相当厳しい措置と思われる。そうでもしなければ後を絶たない状況だったのだろう。

第二節　豚をめぐる文化誌

一、正月と豚

ソウグヮチウヮー（正月用の豚）という言葉通り、沖縄の正月に豚肉は欠かせないアイテムであった。青山洋二『ふるさと物語』所収の「昔の田舎正月」の中に次のように書かれている。当時の自家用屠殺の状況をリアルに表現している名文で、長くなるが多くの方に読んでもらいたいので全文を掲載する。

これは戦前の中部の村里の正月スケッチである。今でこそ正月は新正月を祝う習わしだが、戦前の殆どの農村は旧正月を祝ったものである。官公署の諸行事を除いて、殆どの農村民の生活は旧暦と密接して行われた。どこの農家にも日めくり暦がぶら下がっていて、チュクイ、ムヅクイ（農作）やシチビ（節日）正月の諸行事は旧暦に合わせていた。（中略）旧正月が間近に迫ったなーと感じさせるのは、家々でウヮークルシー（豚つぶし）が始まることだった。どこの家でも、正月の肉用として月日をかけて豚を肥育していたので新北風（ミーニシ）の吹く頃からシワーシにかけて、ウヮークルシーが行われた。正月の最上のご馳走は豚肉料理だからだ。

豚つぶし（屠殺）の専門家のことをウヮーサーと呼んでいたが、自家用の豚つぶしは、親戚や隣近所の男たちの中にカッティー（専門家はだし＝勝手）が主役を演じ、2～3人の助手と共に処理したものである。

ウヮークルシーの模様はこうである。

フール（石囲いの豚舎）からマルマル肥ったヒャッチアマヤー（百斤以上の豚のこと）の四つ足を縛って引きずり出す。この時、豚は殺されると思ってか、知らずか大きな声を上げた。「ガイガイ」という豚の悲鳴が聞こえてくると、「どこそこの家はウヮークルシーでご馳走があるな」と思ったものである。

フールから引きずり出された豚公はミンタナー（水がめ置場近くの排水所）の芭蕉葉を敷きつめた上に運ばれる。四つ足を縛ってあるがあばれるので2～3人でおさえつけて全身を水で洗う。この間、豚公は悲鳴を上げっぱなしだ。首元をきれいに洗ってから、カッティーが喉元に鋭利な包丁で突き刺し、えぐるように手元を回す。すると豚公は一層金切り声の悲鳴を上げる。ガイガイといきり立って哭くのでその度毎に首の下のバケツにドクドクと赤い血が流れ落ちる。
悲鳴が次第に衰え、流血がとまる……豚公は遂に息絶える。次は豚の全身に熱湯を注ぎ、とぎすまされた包丁で毛をそり落とす作業だ。毛をそり落とすと、仰向けにして腹を裂いて内臓を取り出す。大腸、小腸は近くの小川で汚物を洗い流す。その中に膀胱が混じっているので子どもたちはそれをもらいについていく。膀胱はよく洗ってから空気を入れてふくらまし、ボールの代用にして遊んだ。

腹を裂かれた豚は家の中に運ばれ、ナカバシル（部屋の仕切戸）をはずしてその上に置かれ、肉と脂肪の部分をそれぞれ選り分ける。肉は一斤位の大きさに切られ、塩もみしてカメに詰める。正月まで塩漬けにして保存するわけだ。脂肪はたいて油にし、アンダガーミ（油つぼ）に蓄えて日々の料理に使う。耳や鼻、小腸はクバの葉っぱにくるんでカマドの上などに吊して薫蒸して保存する。正月には取り出してミミガー、ハナガーのシームン（酢の物）にしてお膳を飾り美味となった。

豚の血は保存がむつかしいのでその日に大根キザミと一緒にチーイリチャー（血いため）にして食した。骨だって昆布や大根煮付けのダシに使われるし、爪だって三味線のバチに使われた。

こうして、正月の最上のご馳走は豚に預かる所大で、スージキー（塩漬け肉）の独特の味覚やミミガー、ハナガーの酢の物、ビービー小（小腸）の吸い物などはイッタムン（最高のもの）だった。

実際に体験したことのある人の文章はその時の様子を余すところなく伝えてくれる。豚肉が正月になくてはならないものであり、それを無駄なく利用するウチナーンチュの知恵に脱帽する。

前出『具志川市史』にも当時の旧正月の風景が掲載されている。1899（明治32）年生まれの安慶名氏はこう証言している。

各家庭とも旧の11月からムーチーの頃にかけて、正月用の豚をつぶしよった。人数の少ないところは、1頭を2軒で分けるところもあったけど、うちは1頭つぶしよった。

豊作の時は、えさが豊富だから、大きくしてからつぶしよったけど、ガシ（飢饉）の時は、小さいのでもつぶしよったね。つぶした肉は、カーミに入れて、スーチカー（塩漬け肉）にしよった。トゥシヌユールー（大晦日）の時には、ユナカジシといって、一晩中起きて、スーチカーをシンメーナービで炊きよった。炊いた肉は、縄で結んで部屋の中に下げよった。チム（レバー）とか、ミミガーとか、ウチャーグチ（三枚肉）などね。外で遊んで帰って来たら、このぶら下がっているスーチカーを包丁で切って食べるのが楽しみだったさ。

二、西原町の正月豚

表8は1916（大正5）年の中頭郡における正月豚の屠殺頭数であるが、西原村は278頭となっている。これは村内の戸数で割るとほぼ10軒に1頭の割合となり、極めて少ない。おそらく屠場外での密殺頭数がかなりあったものと思われる、と『西原町史』に記

[表8] 中頭郡における正月豚の屠殺頭数（大正5年）

村	屠殺頭数
浦添	293頭
宜野湾	236頭
美里	314頭
具志川	254頭
西原	278頭
読谷山	952頭

（資料：「琉球新報」大正5年2月22日）

されている。さらに同町史は続けて、「密殺は各農家で一般的に行われていたが、その場合外部に漏れないようなある工夫が必要であった。聞き取りによると、豚が大きい声を出すと巡査に知られるから、竹に布を巻き、それを豚の喉に突っ込んで声を出させないようにして密殺したそうである。正月豚といえども届け出が必要であったから、夜中こっそり潰して法を逃れた。しかし、このような密殺は当時の生活水準からやむをえない手段だったとはいえ、防疫上多くの問題をひきおこした。1908（明治41）年農商務省獣疫調査書によると、『豚コレラ発生時といえども自家用屠殺・密殺が多く、検査を逃れる者もあり、屠畜業者が自ら買い集めた豚を屠殺し、屠肉を市場で販売していた』と報じている」と述べている。

当時は密殺がかなり横行していた様子がリアルに描かれている。筆者の公務員獣医師としての初の赴任地は久米島であった。そこの旧正月も聞きしにまさる自家用屠殺が多かった。ソウグヮチウヮーの生体検査を各家々から依頼され、1日20～30軒も廻ったことが昨日のように思い出される。

『美里誌』にも昭和10年代のウヮークルシーの状況がリアルに描かれている。

正月用に供する豚は数日前から大便を与えず、芋やヰンスナ葉（フダン草）を与えておいた。屠殺の前日の夕方、2～3名の小父さん方がまわって来て、豚をしばり豚小舎から外へ担ぎ出し、口中にぼろ布を押し込んで口をしっかりとぐるぐる巻きにし、声が出ないようにして、一晩中外にしばりつけておく。翌朝、暗いうちに屠殺専門の小父さんがやって来て、2～3名がかりで、棒で豚を押さえつけ、心臓を包丁で一突きにして血を抜く、血は容器に受けておき、その日のうちに食膳に上がる。屠殺専門の小父さんはこのようにして一人で数頭の豚を屠る。その代償として、2斤か3斤の上質の肉を届けることもあった。

血抜きが終わると、口や四肢をしばってあった縄が解かれ、沸騰しているお湯を注ぎながら包丁で毛をすき取る。そして解体される。年に1、2回屠殺を経験している大人達の手つきは鮮やかなもので、3時間前後で解体、細切りが終わる。骨についている肉をはずし、骨も細切りにする。脂肪の多い白肉は細切りにして鍋に入れ、火にかけて脂肪と粕（アンダカシー）に分け、脂肪はアンダガーミに詰めて、貯蔵室の天井に吊り下げる。暫くすると固くなり、ラードとなる。このラードが、毎日の料理に欠かせないものとなる。

アンダガーミ

肉は塩を充分にすり込み、カメや竹ざるに詰め込む。細切れにした骨も塩漬けにしてカメに入れる。このようにして塩漬け保存したのは5、6カ月間食用に供した。

内臓類は内外をきれいに洗い、細切りにして塩漬けにし、カメに保存したが長期間の保存はしなかった。これもやはり生活の知恵の一つであったのであろう。ウワークルシー当日食膳に上るものは、塩漬けにして保存できないもの、屠殺の時抜き取った血、肝臓、腎臓、膵臓などの臓物、頭の部分などであった。

次ページより紹介する「ソウグヮチウヮー」の写真は、昭和30年代の名護市における正月豚の解体風景である。写真提供は名護博物館初代館長・島袋正敏氏のご厚意による。

三、ソウグヮチウヮーの様子

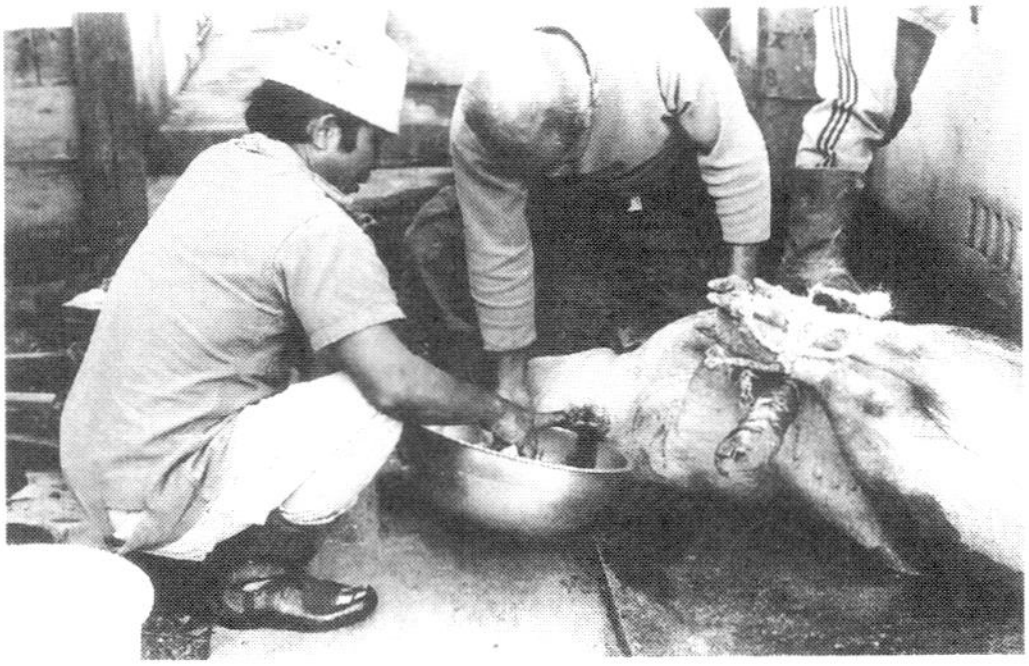

屠殺・放血。豚を水できれいに洗う。カッティーと呼ばれるベテランだけに手つきも鮮やかに出刃包丁で喉元から心臓をひと刺しし、放血する。

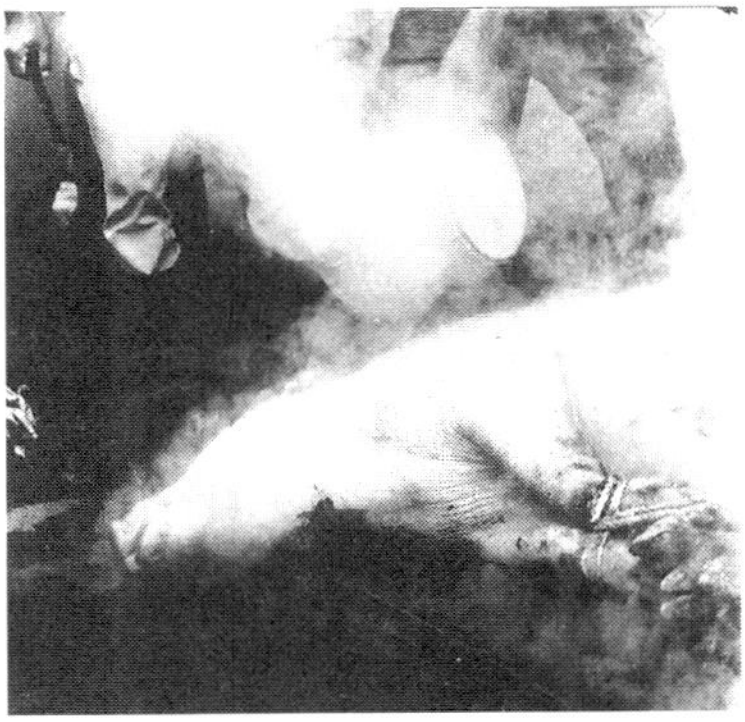

毛を抜きやすくするため、シンメーナービ（大鍋）にあらかじめ沸かしておいた湯を豚の屠体にかける。

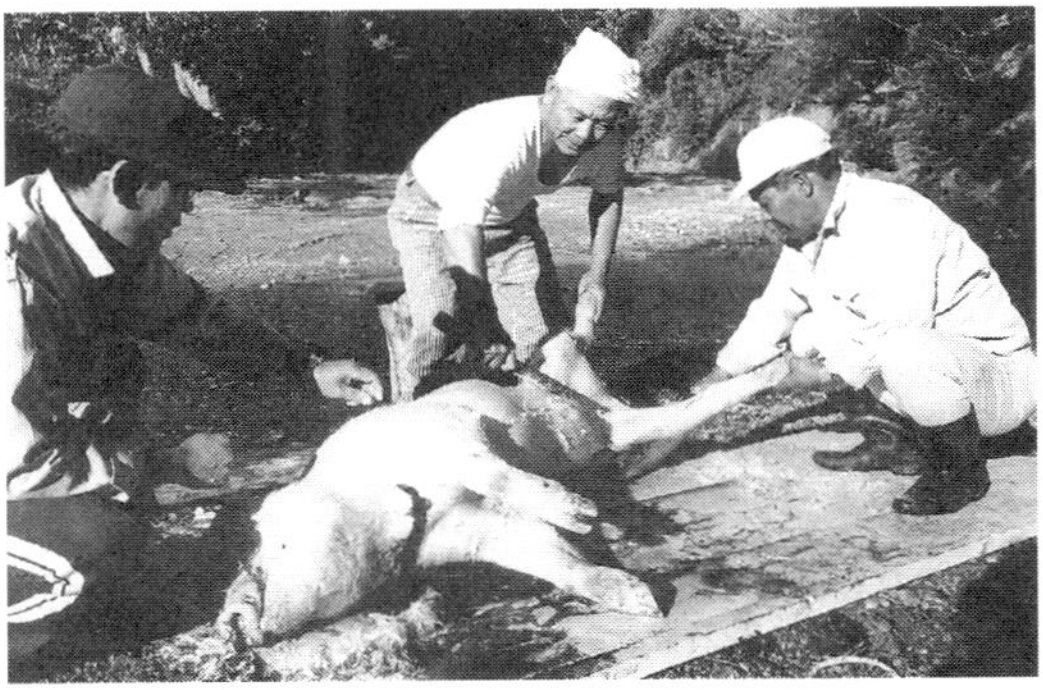

脱毛。包丁の背や切れ味の良くない包丁の刃を垂直にし、両手でこするように脱毛する。

頭部切断。頸部の耳の付け根のところから包丁を入れ、
頭部を切り離す。

解体。喉元、胸部、腹部にかけて内臓を傷つけないように包丁の先を巧みに使いながら解体していく。

内臓処理。胆のうを傷つけないように注意深く肝臓から切り離す。小腸は左右の手で力を抜きながら交互に引きながらほどいていく。

コラム4

スペインのソウグヮチウヮー

イベリコ豚で有名なスペインにも沖縄のソウグヮチウヮーとそっくりなマタンサと呼ばれる風習がある。

マタンサに用いられる豚は120kg程度。豚小屋から引きずり出される豚は、自分の運命を察知するのか、死に物狂いで抵抗する。たくましい腕をした4人の男たちが、暴れる豚を4人がかりで屠殺台に抑え込む。屠殺台に使われるのは、今では日本で見られなくなった大八車だ。

轅《ながえ》のほうを地面につけて低くし、豚の頭をこちらのほうへ持ってくるようにし、位置が定まった途端、男の一人が、研ぎ澄まされた鋭いナイフで頸動脈と喉笛を一気に切り開く。すさまじい勢いで血が噴き出る。それをそこの主婦がバケツで受ける。バケツにはあらかじめ塩を入れておく。これも沖縄のやり方と同じだ。

彼女は血が固まらないようにバケツをせっせとかき回す。

体内の血を十分に抜くと、次は豚の体毛を焼く。豚の毛は、昔は刷毛《はけ》や歯ブラシなどに利用されたが、今では御用なしである。ワラを豚の上にかぶせて、そのまま焚き火するのだが、雑菌の処理も兼ねている。が、腹の部分は焼かない。内臓に火が通ってしまうからだ。

焼き加減は蹄《ひづめ》がはがれるまで焼く。途中でひっくり返して同じ作業をする。焼いた後はブラシをかけながら水でよく洗う。これも全く沖縄の方法と同じだ。

続いて肛門を取り除くが、腸を取り出す時、糞が流れ出さないように結腸を縛る。そして腰骨に鎖を引っ掛けて逆さにつるす。腹を裂いて内臓を取り出すと、主婦はそれをバケツに受ける。肺と心臓はつるして後で玉ねぎのみじん切りと混ぜてチョリーソー（腸詰）にする。この腸は中の糞を洗い出したものを使う。沖縄では腸詰は作らないが、腸の内外をよく洗い中味汁や吸い物にする。腸は15メートルほどもある。

よく洗った腸にミンチした肉を詰

めていき、タコ糸で適当な長さに縛り、さっと湯通しして影干しにつるす。血液は蒸し米やニンニク、玉ねぎ、内臓、香辛料を加えて腸詰にする。韓国や台湾にも同じような腸詰がある。

皮をラードで揚げたものをチチャロンという。軽く塩を振って酒のつまみによし、そのまま食べても美味しく、スープの具にもいい。沖縄のアンダカシー（脂カス）と思えばいい。

男たちは鉞《まさかり》を振って頭をたたき落とし、耳もはいだ面皮も捨てることはない。この日の作業は脳みそを取り出したところで終了した。

逆さ吊りにされた豚は、股と肋骨が見えるように思いっきり開かれる。突っかい棒をはめられ一晩冷たい空気にさらすのである。

古い資料によると、マタンサが行われる時期は、寒気に入った月の、下弦の月から新月の間が最も適切で、それ以外の時期は肉の保存には適さなかったので避けられたと記されている。秋口から太らせた豚は人の越冬用の食料として加工される。（『別冊宝島・スペイン【情熱】読本』参照）

不思議ですね。洋の東西を問わずこうも似たような風習があるとは。フィリピンにも豚の皮をラードで揚げたものがある。かつての宗主国スペインの置き土産と思われる。

アボカドとトマトの和え物を載せていただく。ビールのつまみにもいける

メキシコ（カンクン）のコンビニの棚に置かれていたチチャロン

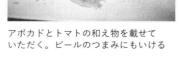

コラム5
豚と民話

沖縄には豚にまつわる民話は多い。このことは豚とウチナーンチュが密接な関係にあった証左であろう。いくつか拾って紹介する。

娘に化けた豚

昔、ある村にあった話である。日が暮れたので村の若者たちは、いつも皆が集まってくる芝生の広場に一人二人と顔を出した。昼中働いた若い男女は、晩になると芝生に集まって、男女が語り合ったり、あるいは三味線をひいて歌を歌ったりして、喜び遊んでいた。

ところがある日のこと、どこの村の娘か、若者たちの誰一人も知らない美しい娘が、若者たちの集まっている芝生の前の道を通った。この娘は若者たちに流し目を送って、うつむきかげんに通り過ぎた。

それから毎晩ここを通って、流し目を投げた。

ある日、一人の若者が、この美女の後をつけた。娘はここらでは見たことのない皮草履をはいていた。若者がしばらく後を追うと、ちょっと行ったところで立停った。若者も立ち停った。娘は若者のところをふりむいて、にっこりと色目を使った。若者は近づいて娘の手を握った。

若者が肩に手をかけてもだまって、ついてきた。しかしこの美しい娘は、若者から3貫（さんぐゎん・6銭）の金をもらった。

その晩から、この美女は3貫もらって、若者たちに身をまかせた。

ある晩、一人の若者が別れぎわに、めずらしい娘の皮草履の片方を無理にかくした。娘はかなしい顔をして、びっこを引きながら帰っていった。

若者は皮草履を大事にふところに入れて持って帰り、家にしまっておいた。

あくる朝、皮草履をあらためてみた若者は、びっくりして、腰をぬかしてしまった。皮草履と思ったのは豚の爪であった。若者はすぐに村の若者たちにこの話をして、家々に飼っている豚を調べてみたら、ある家の10年以上になる老豚が爪を抜かれて死んでいた。この老豚が若い娘に化けていたのである。この豚小屋には毎朝、3貫のお金があったことも、これでやっとわかったのである。このことがあってから、売春婦のことを三貫（さんぐゎなー）と言うようになったそうである。

（仲井真元楷編著『沖縄民話集』）

豚肉の食べ初め

むかし玉城間切に仲村渠大君（ナカンダカリオウギミ）という人がいた。当時琉球では人が死ぬと、親戚、縁者が浜に出て、近親は真肉（マシシ）、遠くになるにしたがって脂肉（アンダジシ）、その肉を食べ、「真肉親戚（マシシウエーカ）」、「脂肉（ブトゥブトゥーウエーカ）」という言葉も近世まで残っていた。

この風習を見て嘆いた大君は、唐（支那）の免登（みんとん）に行き、豚を持ち帰り、豚を食べるようにすすめたので、死肉を食べる風習はダンダン改められた。

これが豚肉の食べ初めと伝えられている。

（琉球史料研究会『琉球民話集下巻』）

家に入る時は豚を叩き起こしてから入れ

どこからか来る時とか、帰る時とか、怖かったとか、驚いた事があった時は、杖か何かで、豚を叩き起こしてから入りなさいと言われた。

道中さね、怖いとか、身の毛がよだつとかいう場合は、悪い者がいるから怖いので、そうしなさいという事だったよ。

豚がね、〝ガウガウ〟と鳴くと、悪者（魔物）は逃げるんだということらしいよ。私が小さい時ね、姉たちと提灯持って、親戚の家から帰って来る時らしいんだけど、「私が持つー」と言って、自分で提灯持って先頭なっていたんじゃないかなぁ、それで、提灯消えたんだって。それでね、「豚を叩き起こして〝グウ〟と鳴かしてから入りなさい、アングワックワー（愛しい娘や）」って、母が言うわけ。それで、杖か何かで〝グウ〟と鳴かしてから家へ入ったとか姉が話していたことがある。

私が自分で提灯持って消してしまったから、「怖いよー」したとかでね。

そういうことは、母はよく注意していたよ。

（新城真恵『沖縄の世間話・大城初子と大城茂子の語り』）

豚の色男

昔あるところに黒長布（黒マンサージ）を頭にまとうた男がいた。皮裏草履をはきこんでキャシャたる姿をしていた。何日も若い女の群れに入ってこれを引っかけようとした。ある日、いつものごとく1人の少女を手込めにしようと思うて盛んに口説いた。

少女はその本性を見破ることは出来なかった。彼女の友達はこれを見破ることが出来た。それで彼女の友達はくだんの少女に知らせようと思って「糞臭いが何だろう」KusuKazashido!Nandai と諷した。

男は既に見破られたことを知って豚になってスゴスゴとその場を立ち去った。

（佐喜真興英『南島説話』）

豚に関する民話や口碑は助平な話が多い。豚が男に化けたり、女に化けたり、大きな魔物になったり面白おかしく表現されている。豚というキャラクターのなせる技かもしれない。このような豚にまつわる民話は外国にもあるのであろうか、興味がある。

第三章　史料にみる食生活と豚肉

第一節　外国人が見た琉球の家畜

琉球と中国・朝鮮とは食文化の面でも関わりが深い。「冊封使録」は琉球王府時代の食文化を知る重要史料である。琉球国王の即位に際し、中国国王の冊封を受けたが、その詔勅を持参する使者が冊封使で、帰国後、皇帝へ提出した報告書が「冊封使録」である。1534年の陳侃をはじめとして、1866年の趙新まで、各王代に来島した冊封使たちが実際に自分で見て、聞いて、味わって体験した記録書で、当時の沖縄の食文化や食物史を研究する者にとって欠かせない文献である。一方、朝鮮と琉球国との交渉、漂流民の送還や漂流民たちの琉球見聞記など、14世紀から15世紀にかけての琉球を研究する上で『李朝実録』もまた大変貴重な資料である。ここではこの二つの資料から当時の豚や豚肉に関するところを拾い出してみたい。

一、韓国人が見た琉球の家畜

朝鮮の済州島の島民である金非衣らは航海の途中、嵐に遭って与那国島に漂着するが、当時の与那国では牛、鶏、狗、猫を養っているが、豚、馬はいなく、牛や鶏は食べることなく、死ぬと埋めてしまうと『李朝実録』に記している。彼らはしばらく与那国に滞在した後、西表島、波照間島、新城島、竹富島、多良間島、宮古島と北上し那覇に辿り着くが、これらの島々にも与那国同様の家畜はいるが、これらの島々では牛は食べるが鶏は食べないと述べている。同じ頃、本島では牛、馬、鶏のほかに豚も養っており、鵞鳥や家鴨もいる。馬や牛を屠殺し、市場でも販売している。鶏もここでは食べており先島との違いを見せている。このことから本島には既に豚が飼われていたことがわかるが、先島まではまだ普及するまでには至っていなかったのであろうか。

二、冊封使が見た琉球の家畜

１５３４年に冊封使として来島した陳侃は、「野に馬、牛、猪多し。價、廉《やす》きこと甚だしく１毎に銀２、３銭に値《あた》るのみ。牲、賤《やす》しと雖も人に終歳食し獲《え》ざる者有るは、貧約の故なり」と史録に記している。猪の字が見えるがこれは先述したとおり豚と思われる。注目すべきはこれらの肉の値段は安いが、貧乏人はそれを買って食べることができない、と述べており貧富の差が垣間見える。また、陳侃らは伊平屋に寄港した折り、接待されるがそのメニューに牛、羊、酒、米、瓜などの食品はあるが、豚はない。当時の伊平屋には豚はいなかったのだろうか。このことから、まだ庶民の食生活にとって、豚はそれほど重要な食料ではなかったと思われる。

三、記録に現れる豚

ところが郭汝霖の頃（１５６１年）から小宴ごとに、国王は猪（ブタ）、羊、牛などを冊封使に贈っている。陳侃の時代には記録になかった豚がここで登場する。しかし、ここでも牛、羊、猪、鶏などの家畜はみられるものの、痩せこけて食用に堪えない。庶民の日常の食事は飯１、２椀で飢えを充たすにすぎない。魚や肉の類はほとんどない。それ故に家畜は安くなり、売りに出す者もいない、と述べている。庶民にとって肉類はまだまだ高値の花だったことがうかがわれる。蕭崇業（１５７９年）、夏子陽（１６０６年）録も同様である。

庶民の食生活の貧しさは前述したとおりであるが、甘藷（イモ）の導入・普及はこれまでの様相を大きく

変えることになる。(「史料にみる産物と食生活」『新沖縄文学54』金城須美子　参照)

第二節　飼料としてのイモ

一、イモの伝来

イモは万暦33(1605)年、野国総官が福州から鉢植えして持ち帰り、それを儀間真常が栽培・普及したといわれている。庶民はこれにより主食を確保できただけでなく、その副産物としてのイモの皮、イモの葉(カズラ)や蔓により豚の飼料を得ることが可能となった。

沖縄の食生活は、豚肉中心の食形態だとよく言われているが、こうしてみてくると少なくとも17世紀までは豚肉偏重ではない。むしろ牛、馬、山羊肉を食べる方が一般的であったといえる。それを裏付ける史料として汪楫は「使琉球雑録」(1862年)の中で、この頃、5日に1度の割で問安日があり、その都度、王府から牛や酒の供応があったが、牛は農耕に重要な家畜であるので屠殺はいけない、と諭すとともに、これを辞退している。これはすぐには聞き入れてもらえなかったが、しばらくして王府はついに牛を屠ることを禁じることとなる。

二、イモと養豚

1901(明治34)年11月17日付「琉球新報」に、島尻郡、中頭郡、国頭郡の3郡を人口とイモの作付面積と豚の飼育頭数を比較している。その割合において イモ、豚とも国頭が多いことから、豚がイモを追って繁殖することは明白であると述べるとともに、

一　豚1頭を飼養するのにイモをいくら要するのか

二　イモの作付面積をさらにいくら拡張できるか
三　本県は豚を何頭まで飼育可能か
四　現在の状況で何頭まで屠殺が可能か

これら四つの課題を解決し豚の増殖を図ることが肝要であると説いている。このことからも豚の餌の中心はイモであることがよくわかる。

時代的にはずっと後になるが、名エッセイストとして名高い古波蔵保好氏は『沖縄物語』の中で小学生の頃の昼食風景を次のように書いている。おそらく大正末期か昭和初期のことと思われる。

農家のコドモたちが、芋を持ってきて、昼の腹ごしらえをすることから、学校側が豚の飼育を発想したのは、学校も貧乏だったからであろう。

子豚を買って、十分に肥らせたうえで売ったカネで、備品を購入するという意味のことを、たしか朝礼の時、校長先生が話したように覚えており、芋を食べて残る皮を豚のエサになるから、みんなセッセと芋を持ってこい、との訓辞があった。

正午になると、コドモたちは、芭蕉の葉にくるんだ芋を取り出して、皮をむきはじめる（中略）。芋を食べ終わったコドモたちは、教室の一隅にあるバケツに皮をまとめた。芋の皮でいっぱいとなったバケツが、各教室から小使室に集められる。毎日、おびただしい量になった、と思われるが、学校の構内で、豚を飼っていたのではない。

構内に「ふうる」があって、そこに豚がいたとすれば、豚は、芋の皮ばかりか、コドモたちの腹を通過した芋のあと始末まで引き受けることになって、おもしろい風景が見られたであろう。

おそらく近くの農家に預けて、飼ってもらっていたのではないかと思うが、長つづきしなかったように、わたしは覚えている。だが豚を飼わなくなっても、芋の皮を豚のいる家へ売っていたらしい。

イモしかなかったのであろう。イモの皮は重要な豚のエサであったことが理解できる。全校生徒が持ち寄る皮の量は半端なものではなかったようである。

三、冊封使への食糧調達

国王の名代である冊封使一行は総勢400人余、滞在期間が4~9カ月にも及んだといわれている。一行の食料調達を賄った首里王府の苦労は並大抵のことではなかったと容易に推察できる。島内の豚だけでは足りず、遠く奄美大島や沖永良部島から買い集めたほどだったという。一度にしかも短期間にこれだけの頭数を集めるのは大変なことであるが、島内各地における養豚はまだ普及途上であったと思われる。これらのことを考え合わせれば豚肉の普及は近代になってからであり、豚肉料理を基調とする食文化の形成は巷でいわれるほど古くはない。前述の「牛の屠殺禁止令」は農耕に重要な家畜であるので殺してはいけない、というのが表向きの理由であるが、実は牛肉の食用を禁じて養豚を盛んにするためではなかったか、という考え方もある。このように首里王府の政策的な意図のもとに始まった養豚であるが、沖縄の気候風土、イモの普及とあいまって18世紀半ばには軌道に乗る。明治に入って豚の生産頭数は全国一になり、1899(明治32)年~1903(明治36)年にかけては全国の豚の頭数の50%を占めるようになり、屠畜頭数も全国の22~28%を占めるようになった。この数字は全国の人口の1割にも満たない県民で全国の3割弱の豚肉を消費していることになり、豚肉嗜好の県民性を如実に表している。このことからウチナーンチュ(沖縄県民)の豚肉嗜好型の肉食文化は明治期に形づくられたものと見て差し支えない。

一方、本土では明治になって、それまで閉ざされていた鎖国の扉は開かれ、文明開化の波に乗ってやっと肉食の普及が起こってくる。我が国でも古代にさかのぼれば牛馬の肉を食べる風習はあったようであるが、仏教の伝来以後は宗教的な禁忌からその風習がなくなったものと考えられている。

四、日本一の養豚県

イモの導入により、養豚に関する技術は確立され、本土とは一線を画すようになった。1880（明治13）年には、先島を含めた県全体で5万頭余の豚が飼われていた。その頃本土では豚はほとんど飼育されておらず、沖縄は日本一の養豚県として知られていた。

1899（明治32）年に刊行された『沖縄県土地整

[表9] 琉球の豚頭数

	牡	雌	計
那覇区	479	2,405	2,902
首里区	5,639	5,033	10,672
島尻郡	10,288	10,774	21,072
中頭郡	12,575	11,123	23,697
国頭郡	8,520	11,158	19,678
久米島	756	966	1,723
宮　古	3,274	2,249	6,528
八重山	2,260	1,896	4,156
各離島	1,914	1,184	3,088

単位：頭

（資料：「琉球新報」明治35年10月7日付
【注】合計数は一致しない箇所もあるがそのまま記載

理紀要』には、「豚の飼育は本県における特に発達したる産業にして、其飼育数はわが帝国全数の過半を占め、大抵1戸2頭以上を飼育せり」とある。養豚の主な目的は二つあり、換金作目と厩肥製造である。飼い方としては繁殖と肥育の一貫経営で、子豚なら1豚房に2〜3頭、成豚なら1頭が、大小の島嶼55、その面積156平方キロメートル（山陽道の約10分の1）の地に、人口44万7千人に対し、豚が約10万頭も飼われており、1年間の屠豚頭数は6万1千頭にも上り、全国の屠殺頭数の5割以上を占めている。全国に知られた養豚県の広島県でさえ、琉球に比べるとその3分の1弱の1万8478頭に過ぎない。

五、やたらに〝豚肉〟食うな

1936（昭和11）年5月15日付の「大阪朝日新聞」に「矢鱈《やたら》に〝豚肉〟食うな」の見出しが目を引く。読みやすくするため勝手ながら現代仮名づかいと常用漢字を使用することをお許し願いたい。

沖縄県民ほど豚を食うところはまたとあるまい。まず旧正月には正月豚と呼んで農家ではほとんど各戸1頭当たり屠殺して豚肉をたらふく食い、なお1年を通じて絶えず豚肉を食膳にのせ、日ごろの粗食を豚肉で栄養をとっている。

試みに昨年中の豚屠殺数は県統計課の調査によると3万8954頭におよびその金額は140万円だ。驚いた県経済更生課ではかくては農村経済更生も案ぜられるというので、指定町村に対し豚肉をやたらに食うべからずの御布令を出し、これが実行を奨励の効果てきめん。

国頭郡東村字平良では今年の旧正月豚は前年より屠殺金額2615円減じ、従来1戸1頭当たり平らげたのを5戸1頭当たりに減じた。豚肉の減食による経済更生は振うではないか。

他府県人がみてウチナーンチュは豚肉を食べ過ぎるのではないか、食べるのを減らし、販売に回せば経済効果も上がるだろうに、という論評であるが、ウチナーンチュにとっては余計なお世話だと、言いたくもなろう。

第四章　戦後の養豚復興へ

第一節　外国種の到来

一、種豚の導入

種豚として、１９４８（昭和23）年に米国からバークシャー種、ハンプシャー種、チェスターホワイト種、ヨークシャー種、デュロックジャージー種、ポーランドチャイナ種、スポッテッド種等５５０頭が導入されている（次項参照）。また、同年ガリオア資金によって静岡からバークシャー種豚70頭、１９５１（昭和26）年にも静岡、埼玉からバークシャー牡豚86頭を導入し全地域に配布している。これらの家畜の輸送には軍政府は軍用機を提供しており、その熱意は沖縄の畜産農家に深い感銘を与えるとともに、この恩恵にむくうべく官民一体となって畜産復興に邁進していくのである。

［表 10］戦前戦後年次別養豚状況

群島別	戦　前（1940 年）	戦　後（1947 年）	現　在（1950 年）	農家戸数（単位：戸）	農家一戸当り頭数
沖縄群島	100,426	25,184	68,104	79,292	0.86
大島群島	30,036	18,537	48,688	40,416	1.20
宮古群島	13,248	10,729	6,857	9,856	0.76
八重山群島	7,719	1,600	6,395	5,412	1.18
計	151,429	56,050	130,044	134,976	0.96

（単位：頭）

（『沖縄県農林水産行政史』第 12 巻 643 頁の表より作成）

その復興途上にあった沖縄の養豚状況について表10をご覧いただきたい。

二、ハワイのウチナーンチュから豚のプレゼント

かつて沖縄県は多くの移民をハワイに送り出したが、今次大戦で壊滅的な打撃を受けた沖縄同胞の生活を心配したハワイのウチナーンチュたちは、ふる里の産業復興を願い、「ハワイ連合沖縄救済会」を立ち上げた。同救済会の事業の一環として実施されたのが豚の輸送作戦である。豚を贈ろうと思い立った背景には、彼ら自身が沖縄で豚を飼った経験があり、豚肉料理はもちろんのこと、ラードの利用や堆肥を生産する等、豚のメリットをよく理解していたからである。

彼ら自身、日系人差別のなかで、不安定な貧しい生活状況であったにもかかわらず、ふる里沖縄への思いは大きく、わずかの期間で5万ドルという、当時としては莫大な寄付金が集められ、その資金を元に北米で種豚550頭を買い求めた。

山城義雄ドクター（獣医師）を中心に軍部との交渉が成立し、アメリカの沖縄復興援助の名目でデバテ船の提供を受けることとなった。付き添い人は実費で、多少豚飼いの経験がなくてはならず、諸状況を考慮しても山城獣医師は絶対的に必要な人物であり、スポークスマンとして宮里平昌氏も適任者である。渡名喜源美氏は農学博士であり、仲間牛吉氏は永年の養豚経験者である。しかし、輸送中の豚の管理は重労働であり、仕事を恐れぬ若者2人は必要である。その結果、島袋真栄氏と安慶名良信氏の2人にも白羽の矢が立ち、一同はサンフランシスコに飛ぶこととなった。軍部との交渉中に上江洲安雄氏がやって来たので、6人では無理だというので、有無を言わせず上江洲氏を加え、ここに7人の侍が顔を揃えることとなった。

かくして1948（昭和23）年8月31日、米軍人23人とウチナー二世7人が乗り込んだジョン・オーウェン号はポートランドのコロンビア河口を出港したが、途中幾度となく台風や機雷に遭遇するなど苦労の連続であった。が、同年9月27日、勝連半島のホワイトビーチに到着、無事536頭の豚輸送作戦の大任を果たした。彼らはその喜びに感極まって男泣きし、心底から神に感謝し、祈りを捧げたと安慶名氏は記している。

5000キロの船旅を苦労してアメリカから種豚を運んできたウチナーンチュ7人の勇気と信念、ふる里を思う気持ちがなしえた一大事業であり、沖縄の養豚史を語る上で決して忘れることのできない特筆すべき偉業である。

さて、船は接岸され、長いトレーラーにはしごをかけて直接流し入れるようにして豚を搬出させていたが、途中ではしごが壊れ、豚が海に落ち3～4頭は船の周りを泳いでいた。で、山城獣医師が1頭を捕まえたが、他の1頭は沖の方に泳いでいった。だが、沖の方へは誰も行かなかった。せっかくアメリカから持ってきたのを溺れさせてはいけないと思い、安慶名貞郎氏（安慶名良信氏の従兄弟）が飛び込んで豚より前の方へ行き、船の方へ引き戻した。後で貞郎氏が良信氏から聞いた話では、貞郎氏が豚を追っかけたとき、「その豚は助けた人にやれ」と言ったが、追っかけている人が従兄弟の貞郎だと知って「それじゃ、具合悪いから」と前言を取り消したというエピソードが残されている。

1948（昭和23）年10月29日付「うるま新報」には、「布哇《はわい》からの豚市町村へ」の見出しで配給方法、豚の種類、分配頭数等が記載されている。

それによると、大島及び先島へはチェスターホワイト種の雌豚が主でそれぞれ5頭を配分、他にはポーラ

第二次世界大戦後、焦土と化した故郷・沖縄の同胞のために ハワイのウチナーンチュが経済復興を願い、贈ってくれた豚の種類

ハンプシャー（雄）　皮下脂肪が薄いので占める赤肉割合が多い。また、ロース芯面積が大きく赤肉の生産性において極めて優れた品種である。しかし、保水性や脂肪の融点が低く肉質については問題が多い。
（沖縄県家畜改良協会提供）

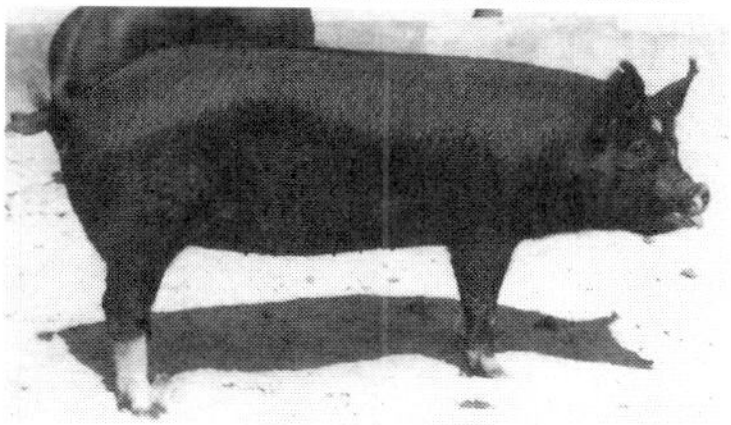

バークシャー（雌）　黒色の地色に額もしくは鼻端、四肢下端、尾の先端が白い、いわゆる「六白」が特徴。筋繊維は細かく柔らかく、脂肪は理想的に散在し、精肉として最も美味芳醇な味を持つものとして高く評価されている。（サイボク豚博物館提供）

大ヨークシャー（雄）　足腰が強く、性質温順で保育能力に優れている。筋繊維が細かく、脂肪の融点も高く、精肉・加工用ともに適している。
（沖縄県家畜改良協会提供）

スポッテッド（雄）　白地に黒斑の毛色が特徴。アーチ型で体高もあり、ゆとりのある雄大な豚である。体長も長く、深い胸を持ち、四肢は弾力に富む、肉質は保水性に富み、きめが細かい。
（サイボク豚博物館提供）

デュロック（雄）　毛色に赤や褐色などさまざまなものがある。発育と飼料要求率は多くの豚の中で上位にランクされるが、繁殖能力は著しく劣る。背脂肪はやや厚くなりがちであるが、筋肉内への脂肪交雑があり、締まりのある柔らかい豚肉を作ることで有名。（沖縄県家畜改良協会提供）

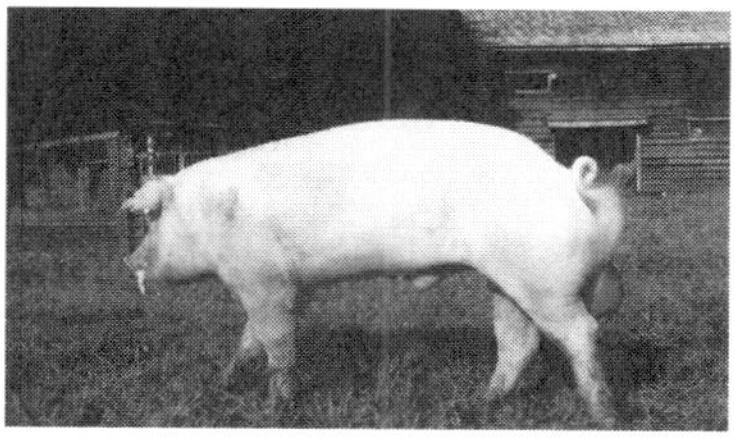

チェスターホワイト（雄）　半下垂の耳や顔の形、アーチ状の中躯はデュロックに酷似し、白いデュロックといった感じであるが、腿は素晴らしく充実している。性格は温順で群飼しても喧嘩することがなく、管理しやすい。（サイボク豚博物館提供）

上江洲易男さん（前列左から２人目）と
BEGIN の皆さん

宮里平昌さんと船中で生まれた子豚
（宮里達也さん提供）

安慶名良信さん（1992 年）
（「具志川市史だより」から転載）

ンドチャイナ種、ハンプシャー種、ヨークシャー種、バークシャー種、デュロックジャージー種、スポテッド種の８種の豚を市町村別に細配している。中でも具志川市は19頭と最も多い頭数となっている（６種・７種・８種など諸説あり）。

琉球政府付属施設の与儀試験場と名護試験場へそれぞれ２頭ずつ配布されているが、興味深いことに中央刑務所へ３頭配布されている。市町村と県施設への合計は５２１頭であるが、病豚15頭は検疫所に収容中となっている（「具志川市史だより」第14号参照）。

この偉大な事業の後日談がある。２００４（平成16）年４月30日、ハワイで一番大きなブレイズデルコンサートホールで、具志川市民が中心となり、その歴史的事業をミュージカル「海から豚がやってきた」に仕立て、今に生きるハワイの人たちに感謝を込めて上演し喝采を浴びたのである。マスコミでも大きく取り上げ

向かって左から、上江洲安吉、上江洲亀寿、安座間淳、上江洲安雄（易男）、友寄英毅、安慶名良信、徳田政雄、上江洲安親
（上江洲安吉さん提供、「具志川市史だより」第14号より転載）

られたので、ご存じの方も多いと思う。

三、豚と同じ数の楽器をハワイに贈ろう

石垣島出身のバンドBEGINは、2004（平成16）年にハワイで行われた『Okinawan Festival』への出演のため現地を訪れた際、実際に豚の運搬に立ち会ったという7人の勇士の1人であり、ただ1人ご健在の上江洲安雄（現・易男）さんに会い、ハワイから贈られた豚のお礼を述べた。BEGINは、豚と同じ数の楽器をハワイに贈るプロジェクトを行っており、一本目の「一五一会」を手渡すことが叶ったのである。その他にもハワイオキナワセンターに、4本の「一五一会」を手渡した。

2005（平成17）年時点で、残り546本。「時間はかかるかもしれないが、長い歳月をかけてでもこの恩返しを果たしたい。やっぱり〝うた〟の持つ力って大きい。だからこそ音楽で恩返しを、すなわち〝音がえし〟を提唱したいと思います。〝ありがとう〟の気持ちをいつまでも胸にとどめ、子から孫の世代までこのエピソードを語り伝えていきたいから……。皆さんからお預かりした募金で楽器（三線・パーランク・大太鼓・一五一会など……）を購入し、ハワイオキナワセンターに贈らせて頂きます。募金活動の今後の状況は、毎年の〝うたの日〟などで必ず報告をさせて頂きます」と、「ブタの音がえし募金」公式ウェブサイトで述べている。

ハワイからやってきた豚を譲り受けた
米須清行さん
（１９２３年・大正12年生、宜野湾市長田）

幼少の頃は、父の兄弟夫婦やその子供達とともに生活する20人ほどの大所帯であった。清行さん自身も男5人、女4人の9人兄弟であった。１９４１（昭和16）年、太平洋戦争勃発により米須家の成人男子は兵隊に召集されたため、働き手がいなくなり清行さんは13歳で近くの酪農家へ住み込みの丁稚奉公に出された。その時の苦労が現在の健康維持に役立っている、と話す。4年間ほど酪農を体験した後、そこを辞め17歳の時、甘藷を中心とした農業の傍ら豚や山羊を飼い始めたが、１９４４（昭和19）年には清行さん自身が召集され中国へ渡った。が、そこでマラリアに罹り１９４６（昭和21）年に引き上げてきた。帰国してみると宜野湾一帯は焦土と化していた。戦災からの復興のためには道路工事から始める必要があったので、清行さんはアメリカ産の馬と馬車を購入し、砂利運搬の仕事をするようになった。働き者の彼は、その傍ら養豚をしたいという希望はあったが先立つものなく、奥様のへそくりを拝借してアグーを購入し養豚業をスタートさせ

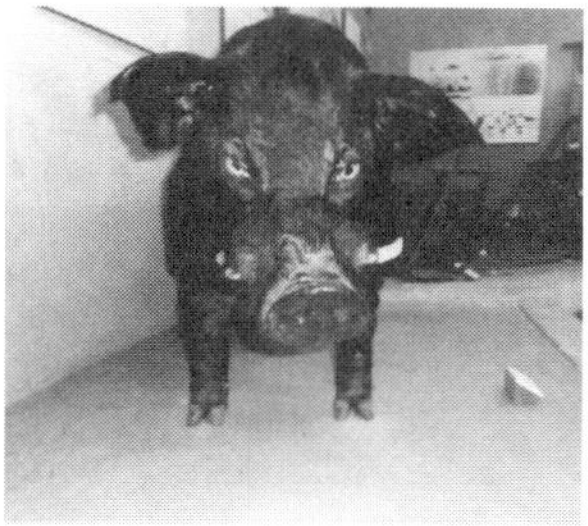

米須さん所有だったアグー雄の剥製。リアル過ぎて泣き出す子供もいる
（名護博物館、写真：宮里栄徳氏）

配布された母豚から誕生した種雄豚と若かりし頃の米須さん

豚や山羊で数々の賞を獲得した米須清行さん

た。当時、西原村にアグー、島山羊、水牛を飼っている方がいたが、アメリカへ移住するためにこれらの家畜を処分することになり、米須さんはそれを譲り受けることとなった。終戦後、焼け野原になり、県民の食生活になくてはならない豚がいなくなった郷土を憂い、ハワイのウチナーンチュが寄付を募り、集めた金で５５０頭の豚を購入し、沖縄に贈ったのはすでに述べたが、これらの種豚は無事沖縄に到着し、各市町村に配布した。米須さんは運良く抽選で妊娠中の雌豚を射止める幸運に恵まれた。

米須さんは１９５５（昭和30）年頃までバサムチャー（馬車引き）の仕事をしていたが、その後は養豚一本に絞るようになった。１９５９（昭和34）年頃、運転免許を取得した。タイミングよく米国から支給されたララ物資の脱脂粉乳が学校給食に供出されるようになった。が、毎日、大量のミルクが消費されずに残るので学校側も処理に困っていた。それを譲り受け豚の餌に混ぜて給与したが、豚にとっては大変なご馳走、1日当たりの増体量は1kgにも達したようだ。そのミルクを運搬するのに運転免許は大いに役立った。

繁殖豚や肥育豚など多い時には100頭ほどの豚を夫婦で飼育していた。現在の住宅は養豚御殿である。抽選で当たった豚のお陰で養豚は軌道に乗り、種豚を神奈川県から導入するまでに成長した。このような努力が実り米須さんの種雄豚は各地で評判になり、遠く糸満や北谷からも呼ばれるようになった。

その頃、アグーは人気がなく、米須さんもアグーをもてあましていたので、名護博物館に無償で提供した。現在、博物館に展示されている雄の剥製はかつて米須さんが所有していた豚である。

「ハワイの県系人が豚550頭を贈った功績を継承しようと、米須清行さん（92）とトミさん（86）夫妻が、「海から豚がやってきた」記念碑建立実行委員会に15万円を寄付した」。そんな記事が、2015（平成27）年9月10日付「琉球新報」に『「海から豚」碑に寄付』の見出しで掲載された。

米須さんは1948（昭和23）年当時、養豚業に携わっていたが、戦後の荒廃で豚の成育が順調に進んでいなかった。生活も困窮を極める中、宜野湾村（当時）がハワイから渡ってきた豚の抽選会を開催。米須さんは見事に当たりくじを引き、雌豚を譲り受けることになった。

「繁殖力は島豚と雲泥の差だった」と振り返る米須さん。養豚業は軌道に乗り始め、生活は豊かになっていった。「記念碑建立のために力になればうれしい」とあいさつしたという。92歳の米須さんが感謝の気持ちを込めて15万円を寄付した心意気は何とも素晴らしく、明るい話題となっている。

四、豚の品種の変遷

前述のとおり、1948（昭和23）年、ハワイのウチナーンチュから贈られた豚550頭の品種は、チェスターホワイト種、バークシャー種、ハンプシャー種など8品種であった。それから10年間、農家が飼育し、選抜淘汰して残った品種は、チェスターホワイト種、バークシャー種、ハンプシャー種の3種になった。

1957（昭和32）年、沖縄県家畜登録協会（現家畜改良協会）が発足し、翌年、登録を開始した当時の豚の登録頭数は371頭であったが、その内訳はチェスターホワイト種294頭、ハンプシャー種57頭、バークシャー種20頭となっており、当時の豚の80％がチェスターホワイト種で占めていたと推測される。この豚の特徴は文字通り白色で発育もよく、体の幅や深みに富んでいるが、脂肪が多いきらいがある。日々の食料にも事欠いていた終戦後の県民にとって、豚の脂肪はカロリー源として、調味料として重宝されてきたが、やがて県民の嗜好も脂身から赤肉へ移行するとともに、豚もラード型からベーコン型を求めるようになった。このおめがねにかなったのがランドレースである。この豚は白色で耳が長い。皮下脂肪が薄く、体躯がいわゆる胴長タイプのベーコンを取るために改良されたものであるが、臀部やもも肉も充実し、理想的な赤肉生産の豚であり、繁殖産肉能力ともに優れている。我が国には、1960（昭和35）年米国からはじめて「アメリカ系」ランドレースが輸入され、その後もイギリスやスウェーデンなどからも輸入され、豚の改良に貢献した（當山眞秀、前掲書参照）。

五、ランドレース種の導入

ランドレース種の導入を心待ちにしていた県内養豚農家は多かった。このような中、宜野湾市の養豚農家

弾丸型をした見事な
ランドレースの雌

背に刺し毛が見られるハイブリットのアグーにランドレース種（白色）などが交配されて誕生した白い子豚。こうして純粋なアグーは次第に消滅していった
（写真提供：沖縄県公文書館）

が個人で1962（昭和37）年米国から種豚8頭を導入した。そのうち5頭がランドレース種として県内で初めて種豚登録された。ちょうどその頃、琉球政府でも米国からランドレース種を輸入する計画を立て、種畜空輸補助として14万ドル（米民政府補助）も計上されていた。

ランドレース種の導入は当時の畜産行政の重要課題であり、琉米両政府とも導入希望者の募集に忙殺されていた。しかしながら輸入ランドレース種の値段は、運賃補助をしてもなお1頭250ドルもしたので、養豚農家は容易にこれについていけなかった。それはもっともなことだと思う。当時の子豚の値段は1頭15～20ドルであったことからも、その高額ぶりを窺い知ることができる。

そこで両政府も、組織による大量輸入が必要であるとの見地から、農連（現JAおきなわ）にも輸入促進を呼びかけていたので、農連側も受け入れ組織の設立に取り組んだ。

当時の農連畜産部長であった當山眞秀は、琉球政府の担当官らとともにミズーリ州カンザスシティーで種畜の選定と購入を終えたが、沖縄までの飛行機のチャーターが思うように捗らず苦労したようである。やっとのことでKLMオランダ航空のプロペラ機をチャーターし、カナダのエドモントン、アリューシャン列島のセミア島、青森県の三沢基地を経由して4日目の夜に約100頭のランドレース種を乗せた第1便は那覇空港へ無事着陸した。その後もランドレース種はアメリカから、1963（昭和38）年に333頭、1964（昭和39）年には200余頭が次々に導入されたが、早急に普及したため市場で価格のだぶつきが目立つようになってきた。このだぶつきを解消するために1965（昭和40）年、今度は逆に台湾に種豚用212頭を輸出したが、その資質は日本本土から導入したものにも劣らないとの好評を得た。沖縄の養豚技術の粋の高さを証明した出来事であった（當山眞秀「沖縄をかえた中古プロペラ機」参照）。

第二節　養豚形態の変化

一、企業養豚と団地化の促進

昭和30年代頃までの養豚は、ほとんどの農家が自分で生産したイモや野菜の残滓を利用し副業的に2〜3頭を飼育する形態と、食堂やレストラン、米軍の残飯を利用して規模を大きくした専業的な形態に分けることができる。当時、まだ配合飼料の普及にはいたらず専業的な養豚場においても残飯養豚が主であった。1961（昭和36）年の配合飼料の流通量は476トンという数字からも当時の状況が読み取れる。

しかし、その後イモ作の減少と併行して配合飼料の利用が急激に増加し、昭和40年代になって省力化、多頭化、専業化へと沖縄の養豚業は大きく転換することとなった。

１９６１（昭和36）年の養豚用配合飼料の流通量４７６トンから１９６５（昭和40）年には11倍の５２８７トンになり、５年後の１９７０（昭和45）年には４万２９０５トンとなっており、その普及率の高さに驚くほどである。これにともない１９７０（昭和45）年前後から多頭化の傾向が一段と顕著になってきた。１９７０（昭和45）年には、１００頭以上規模の養豚業者は２００戸であったのが、１９７７（昭和52）年には４０９戸に倍増している。その口火を切ったのは１９６５（昭和40）年前後、本島南部で大型養豚場経営を始めたアジア畜産（株）と那覇ミート（株）であった。

このように耕種農業から遊離した養豚の多頭化にともない、大量に排泄される糞尿処理の問題は農村の都市化と相まって、水質汚濁や悪臭などの環境汚染の原因として大きくクローズアップされてきた。

そのため行政当局は環境汚染問題の円滑な処理を図るとともに、収益性の高い養豚経営を集団的に育成するため、とくに復帰後、国庫補助事業として養豚の団地化を積極的に推進するようになってきた。

二、養豚技術の改善

企業養豚や団地化にともない、１９６５（昭和40）年頃から養豚技術の近代化も急速に進歩した。それまでの狭隘で暗く非衛生的で作業効率の悪い旧式豚舎からデンマーク式豚舎へ、さらに改良デンマーク式豚舎や繁殖豚の群飼などによる省力的な豚舎へと変わった。とくに復帰後は、各種補助事業の推進により、糞尿処理や飼育管理に便利なスノコ式またはケージ式豚舎が普及し、省力化や生産性の向上に大きく寄与している。

飼料も自給飼料から配合飼料へと変わり、その給与方法も経験や勘だけに頼ることから科学的な根拠に基づいた給与をするようになった。

繁殖・育成は分娩柵の利用、人工乳の給与、適期離乳、予防注射、栄養補給などの普及により、圧死や疾病などによる子豚の損耗が軽減されるようになったことに加え、繁殖豚の飼育管理技術の向上にともない繁殖成績も向上してきた。

三、豚飼育の実態と屠殺頭数並びに豚価の推移

沖縄県農林水産部畜産課が発表した2015（平成27）年12月末現在の家畜の飼養状況調査によれば、豚の飼養頭数は21万9742頭で前年より4461頭減少した。農家の高齢化や飼養環境の問題等による飼養規模の縮小や飼料価格の高騰などが要因と考えられている。

飼養戸数は381戸で前年と同数で、ここ数年は僅かではあるが増加傾向にある。一戸当たりの飼養頭数は646頭で前年に比べ5頭減少した。

沖縄県では、2009（平成21）年度から新たに「おきなわブランド豚供給体制整備事業」を実施し、主要な西洋品種を沖縄独自で改良した、生産性の高いおきなわブランド豚および肉質の良いアグーブランド豚の供給体制の整備を図っている。

一方、豚の屠畜頭数は、ここ数年では2010（平成22）年度の36万5千頭をピークに2011（平成23）年度は35万6千頭、2012（平成24）年度は35万4千頭、2013（平成25）年度は33万3千頭と

なっており漸減傾向にある。

また豚価については枝肉価格（上）でみると、２００９（平成21）年度は１kg当たり３９０円であるが、２０１０（平成22）年度は４１４円、２０１１（平成23）年度は４０５円、２０１２（平成24）年度は３９４円となっており、年度により価格の変動が見られる。ＴＰＰ（環太平洋連携協定）の締結合意によっては県内の養豚業は壊滅的打撃を受けると心配されており、気になるところである。

第五章　アグー時代の屠殺場から近代的な食肉センターへ

第一節　屠畜場の歴史

一、屠場法の発布

１９０６（明治39）年4月、法律第32号をもって「屠場法」は発布された。これは主要都市に屠殺場を公設し、衛生的で安全な食肉を安価で供給することにより、私設屠殺場独占の弊害を除去することを目的としたものであった。その条文の一部をみてみよう。

第一条　本法ニ於イテ屠場ト稱スルハ食用ニ供スル目的ヲ以テ獣畜ヲ屠殺スル場屋ヲ謂フ

２　本法ニ於イテ獣畜ト稱スルハ牛、緬羊、山羊、豚及ビ馬ヲ謂フ

第二条　屠場ヲ設立セムトスル者ハ都道府縣知事ノ許可ヲ受クヘシ

第三條　屠場以外ニ於イテハ食用ニ供スル目的ヲ以テ獣畜ヲ屠殺解體スルコトヲ得ス

但シ自家用其ノ他特別ノ事情アル場合ハ命令ノ定ムル所ニ依ル

第四條　屠場ニ於テハ屠畜検査員ノ検査ヲ経ザル獣畜ヲ屠殺解體スルコトヲ得ス

（以下省略）

この条文は現在の「と畜場法」の基になっていることがうかがえる。また、この時代「不治の病」と恐れられていた結核は人畜共通感染症でもあり、公衆衛生上極めて重要な疾病であったので、１９０１（明治34）年に発布された「畜牛結核予防法」と併せて、政府はその予防に力を入れていた。

二、沖縄の屠畜場

明治政府は、１８７１（明治4）年、全国に廃藩置

県を実施した。このとき琉球を一応、鹿児島県の管轄とした。これより8年後の1879（明治12）年3月27日、政府は琉球に対し、警官や軍隊の威圧の下に処分を決定した。処分とは廃藩置県のことで、ここに琉球王国は亡び沖縄県が誕生した。

1906（明治39）年4月に「屠場法」が発布され、内務省令第16号により施行規則が定められ、同年7月「屠場法」が施行された。これにより沖縄でも同年7月県令第31号屠場法施行規則並びに県令第32号獣肉販売営業取締規則が施行され、病獣の屠殺を禁じ、各地に屠畜場を設置し警察技手（獣医師）を配置して検査を行わせるとともに、各署管内で密殺取締にも目を光らせている。

1906（明治39）年7月11日付「琉球新報」には、那覇区及び島尻郡兼城間切糸満村、大里間切与那原村、真和志間切松川村、中頭郡美里間切泡瀬村、国頭郡名護間切名護村、本部間切渡久地村、宮古郡砂川間切、八重山郡大浜間切に各7カ所の屠獣場を指定した、と記されている。

当時の屠畜場設置の状況を各地方史（誌）からながめてみよう。

『泡瀬誌』

泡瀬に屠畜場が設けられたのは明治39（1906）年のことである。当時の屠畜場のことを以下のように記している。

当時泡瀬は村づくりに大きくはずんでいる時期であり、屠獣場の誘致は付近農村の畜産振興は勿論、泡瀬にとって津口《ママ》の整備と共にその基盤づくりの最たるものであったといわれている。（中略）屠獣場は他字からの利用等も考えて、当初村のはずれ（黒瀬原）に建

［表 11］12 月中の屠獣数（明治 40 年 1 月 8 日・琉球新報）

	牛	豚	山羊	馬
那　覇	123	4,415	24	0
首　里	0	693	25	0
与那原	29	245	50	0
泡　瀬	25	149	5	0
名　護	3	93	4	0
渡久地	3	108	12	0
宮　古	1	278	18	4
八重山	46	61	0	4

糸満を除く。単位：頭

てられている。草創期ですでに豚およそ5頭宛（1日当り）処理供給（表11）しているところをみると、最初からかなりフルに使われている様子が窺われる。

現在では屠畜場といえば迷惑施設の最たるもので、誘致なんてとんでもないことであるが、当時は地域振興のために誘致し、成功例として地域住民に感謝されている。

ところで、1909（明治42）年3月31日付の沖縄毎日新聞には泡瀬だよりとして興味深いことが書かれている。

郡下にて熱田屠殺者の名を知らざる者は無き程有名なりし。彼等も近頃自由屠殺の禁ありしと、又一方に於いてはトンロースの流行ありし以来、彼等の足跡頓《とん》と打ち絶えたる有様に候ひしも、此の頃当泡瀬には屠

昭和 50 年代の泡瀬屠畜場〈(株) 中部食肉センター提供〉

獣場の新築中にて、泡瀬湾頭新《あらた》に七〇坪の大建築物の海水に映ずるの偉観《いかん》を呈し居り候。落成の暁には販路を大に拡張して行商者を差し立てる由に候へば、又々彼等コンクリートの鳴き声を垣根越しに拝聴し得るも近き未来に之有可《これあるべき》と存ぜられ候につき、郡下幾万の肉食動物は遙三万丈を伸ばして待たるべく候。

『今帰仁村史』

従来、牛、馬、豚、山羊等の獣肉を販売する者は、その獣肉が病獣か識別もせず、只売りたい人が屠殺し、販売していたのでその危険は甚だしかった。

明治39年7月、県令31号屠場法施行細則及び同法32号獣肉販売営業取締規則が制定され、今帰仁村に屠畜場を設備し、獣医を配置して検査したので安心して食肉を販売することが出来た。北部では名護、本部に屠畜場が設置された。獣医は警察署にいて、衛生技手、屠畜検査員が屠畜場での検査の時には、巡査も同行し、羽織、はかまの服装であった。獣医師は山崎、久高、樫野、宮原、太田、渡嘉敷の各氏で村山春二郎氏は終戦まで勤務している。昭和八年になってからは、屠場における獣肉検査には、巡査の立ち会いはなかった。戦後は１９４９年３月、今帰仁屠畜場が設置され、畜産課駐在獣医師が検査にあたり、１９６７年７月から、保健所獣医師に変わった。北部食肉センターが、昭和47年1月に完成したので、今帰仁村の屠畜業者も同センターを利用するようになり、今帰仁村屠畜場は廃止された。昭和48年5月15日を期して、従来生のまま販売していた食肉は、総て24時間以上摂氏10度以下に下げてから、食肉センターから運搬し、各店舗でも陳列冷蔵庫に入れて販売するように徹底された。

　戦前、戦後にかけての今帰仁村における屠畜場の変遷について詳述している貴重な史料である。復帰後の食肉の取り扱いについては別の項で詳しく述べる。

『並里区誌』

　１９２８（昭和３）年、佐久本原（シタバル）に瓦ぶき平屋、約１２０平方メートルの村営屠殺場が建築された。これと同時に、場内に獣魂碑が建立され、更に記念道路に肉販売所も設けられた。牛は年に１頭ぐらいですべて豚の屠殺だった。

『大宜味村史』

　昭和３年に屠殺場が建築され、村内で市販される豚肉は屠殺場で処理されることになった。屠殺業者が肉の入った箱を天秤棒でかつぎ、「シシコンソーリ（肉を買って下さい）」と部落内を巡り歩いた。箱の中には、半斤、１斤、２斤とかといって計量された肉が入って

那覇の屠殺場（戦前の絵はがき・首里琉染提供）

いた。肉にわらを通してその節の作り方で、斤量を区別していた。

『那覇市史・史料編第2巻上』

1899（明治32）年10月7日付「琉球新報」に掲載されている記事に「屠殺」についての項目が目につく。昔から沖縄の女性は働き者であったことがしのばれる。

屠殺場には未明より農家の多く来りて屠獣のはじまるや其頭部血汁臓腑残滓等の収集に従事するあり。それをうけて持ち去るあり。又その肉を買い受けて市場に持ち去り又市中に行商するあり。何れも婦人の業にて男子にあたるもの絶へてなきが如し。

毎日午前八時頃より婦人が鮮肉を竹笊《たけざる》に盛り、之を頭上にいただきて市中を行きながら「ワー、ノ、シシカヒミソーレー」を呼び去るも是屠場より買うて売れるものなり。

三、明治期の屠畜場の構造設備

1908（明治41）年の農商務省第4次獣疫調査官・奥田金松は当時の屠畜場の状況をつぎのように報告している。

古来養豚業ノ盛ナルニ従ヒ県下一般ニシテ殊ニ豚肉ハ殆ンド毎日食膳ニ上ラザルコトナク内臓其ノ他ノ料理法、利用法等モ頗ル進歩シ食肉日ニ月ニ増高セルト共ニ之ニヨリテ受クル人畜衛生ノ危害亦タ多キヲ加フ由来本県ニ於テモ法規ニ従ヒ首里、那覇、糸満、与那原、泡瀬、名護ノ各地ニ屠畜検査員ヲ置キテ其ノ任ニ當ラシメツツアリト雖屠場ノ多クハ其構造、設備頗不完全ナルモノナラズ検査上必要ナル器具、機器毫モ備ハラズシテ厳密ナル診断、検査ヲ行フコト能ハズ為メニ生体検査ノ際発見セラレズシテ解体後豚疫ト確定シ廃棄ヲ命ジタルモノ既ニ数十頭ニ及ベリ……

当時の住民は豚肉をよく食べていたことがわかる。検査員を配置し、一応検査体勢を整えてはいるが、検査機器や器具も不十分で屠畜場の構造設備も劣悪だったことがこの文面からよく理解できる（『沖縄県農林水産行政史・第5巻』参照）。

四、第二次大戦後

戦災により、豚の飼養頭数は激減したことにくわえ、沖縄本島内の各屠畜場もほとんどその機能を停止した。家畜の屠殺は1946（昭和21）年に許可制になったものの、戦後2～3年は豚肉の供給も自家用

昭和50年代の沖縄畜産工業（株）屠畜場〈沖縄畜産工業（株）提供〉

屠殺等の形で、わずかの肉が高値で取引される状況であった。このような状況にもかかわらずウチナーンチュの豚に対するこだわりはしたたかなものがあり、1948（昭和23）年には豚の飼養頭数も急増し、5万頭を超すまでに回復した。これにより屠畜場復活の要望が高まり、1948（昭和23）年5月、沖縄畜産加工株式会社が、真和志村安謝の戦前の屠畜場跡に仮設の屠畜場を設立した。しかしながら屠畜場とは名ばかりのもので、床だけがコンクリート張りで側壁もなく、屋根もテント張りのものでやっと雨露をしのぐ程度のものであった。これには次のようなエピソードがある。

当時、軍政府のスミス公衆衛生部長がある日、この施設を視察し、「現状ではこれでやむを得ないが、できるだけ早期に人間の衛生中心の立派な屠畜場を造ってくれるように」といって役職員を激励した。

いかにみすぼらしかった施設であったか想像できるが、当時としては最大限の努力であったことは想像に難くない。その後、同屠畜場も次第に近代的な施設に改善されていく。

その頃から本島内の屠畜場も相次いで修復され、1949（昭和24）年には戦前の21カ所全部が機能するようになった。

屠畜行政は、本土では常に衛生部門、つまり厚生省の所管であった。沖縄では当時の獣医師のほとんどは民政府農務部に所属していたので、例え衛生部門で屠畜行政を所管しても、担当獣医師の確保は困難な状況にあった。したがって屠畜検査員も農務部畜産課の市町村駐在獣医師が兼務するようになった。

その後、1950（昭和25）年11月の群島政府発足時に同政府公衆衛生部に獣医課を置き、屠畜行政を所管するようになったので、経済部畜産課との間で獣医師の争奪戦となった。

そして1952（昭和27）年琉球政府の創立とともに屠畜行政は経済部畜産課に移管された。これは「家畜の行政は、生産から防疫並びに食肉の流通、消費までの一貫行政が望ましい」という見地からとられた措置である。

しかし、この行政組織については反対意見もあった。特に米国民政府のクーン大佐（獣医師）は自分の所属も公衆衛生部であったため、屠畜行政は琉球政府も衛生関係に管理させることが望ましい旨の勧告文を畜産課に送付した。これを受けて畜産課は前述の理由に加えて「特に畜産発展途上地域においては、屠畜行政は生産と直結することが望ましい」という見地から、畜産課所管を変える意思のないことを明らかにして大佐の了解を得た。

その後、1969（昭和44）年11月佐藤・ニクソン会談で、時期未定ながらも沖縄返還は合意した。昭和40年代になって、住民の食生活も向上し肉類の消費も多くなり、豚の屠殺頭数も1962（昭和37）年には15万頭だったのが、1967（昭和42）年には20万頭を突破し1971（昭和46）年には30万頭にもおよぼうとするほど急激に増加した。

本土では屠畜行政は厚生省の所管になっているので、琉球政府も本土復帰後のことを考慮して、1969（昭和44）年に17年ぶりに屠畜行政を厚生局に移管し、屠畜場及び屠畜検査は各保健所が所掌することになった。

五、「屠場法」から「と畜場法」へ

終戦後、琉球政府は1952（昭和27）年9月1日、行政主席・比嘉秀平によって、本土法にならって「屠場法」を制定した。その立法30号「屠場法」をみてみよう。

第1条第2項で獣畜とは、牛、めん羊、山羊、豚及び馬となっており、本土法と同様である。第6条第1項で屠畜検査員は獣医師の中から行政主席が任命する。但し、特別の事由により規則で定めた地域については獣医師以外から任命することができる、となっており但し書きの部分は本土法にはない特徴的なものである。これは獣医師不足に加え、離島を多く抱える本県の苦肉の策であり、現実に与那国屠畜場がこれに該当した。

1953（昭和28）年に本土では「屠場法」を「と畜場法」に改正したので、琉球政府も6年遅れで1959（昭和34）年9月4日、行政主席・当間重剛によって立法182号「と畜場法」を公布した。この法律が本土法と異なる主な点は、牛の屠畜場の設置を規制することがねらいで、これを許可しない条件として「設置の場所が設置の適正を欠くとき」という経済的条項を加え、屠畜場の乱立を防ぐことに努めた。また、本土法では屠畜場法の目的として「公衆衛生の向上及び増進に寄与する」ことのみとなっているが、沖縄版では、その前文に「畜産業の健全な発達に寄与する」ことが明記されている。さらに特筆すべきこととして、第2条で「獣畜」とは、牛、馬及び豚をいう、となっており、ここにめん羊及び山羊の文言が消滅する。住民からの陳情・要請があったのであろうか、不思議な出来事である。が、同法第20条で販売の目的で山羊、鶏、ウサギを屠殺・解体する場合は行政主席の許可を必要とされている。ここにおいて許可のもと山羊の自家用屠殺は1972（昭和47）年の復帰の日までの間、合法となるのである。しかしながら実際は許可を得ることなく、ヒージャー会と称し、何かにつけて海や河原で山羊汁や山羊刺しを堪能したのである。

六、復帰前後の屠畜場

県内の屠畜場は今次大戦により壊滅的な打撃を受けたが、戦後もこれらの屠畜場は戦前からの既得権として施設の補修などの応急措置を施しながら業務を再開した。したがって、その設備も都市周辺の比較的規模の大きい屠畜場以外は旧態依然のままで、公共的な衛生施設にはほど遠いものであった。また、処理された食肉の流通機構も前近代的であったので、その両面からの改善を望む声が強かった。特に本土復帰を前にして本土法の適用をうけることから、設備の改善等のハード面や検査態勢等のソフト面等、改善すべき点が山積していた。乱立気味だった当時の整理統合前の屠畜場は次の通りである。

北部地区（9カ所）

①国頭村屠畜場　②大宜味村屠畜場　③羽地屠畜場　④名護屠畜場　⑤今帰仁村屠畜場　⑥本部屠畜場　⑦

伊江村屠畜場　⑧宜野座村屠畜場　⑨金武村屠畜場

中部地区（7カ所）

①石川市屠畜場　②与那城村屠畜場　③具志川市屠畜場　④泡瀬屠畜場　⑤嘉手納屠畜場　⑥北谷屠畜場　⑦宜野湾市屠畜場

南部地区（12カ所）

①那覇屠畜場　②那覇ミートKK屠畜場　③真玉橋屠畜場　④琉球ミート屠畜場　⑤小禄屠畜場　⑥与那原町屠畜場　⑦糸満町屠畜場　⑧具志頭村屠畜場　⑨アジアハム屠畜場　⑩久米島屠畜場　⑪南大東村屠畜場　⑫（株）沖縄食肉センター

宮古地区（1カ所）

①下里屠殺組合屠畜場

八重山地区（3カ所）

①石垣市農協屠畜場　②共栄屠畜場　③与那国屠畜場

筆者は1969（昭和44）年12月から復帰の年の1972（昭和47）年2月までの2年余にわたり、久米島屠畜場、同年2月から4月までの2カ月間、嘉手納屠畜場で屠畜検査に携わった経験がある。

当時の屠殺・解体はコンクリート床の上で直《じか》またはタタミ一畳分ほどの木製のスノコ上で行っていた。生体検査は四肢を縛ったままで行っていたが、これでは検査できないので縄を解くよう指導すると、放血時に暴れる等の理由で、抵抗する屠夫が少なくなかった。湯船は床と同じ高さかそれ以下にあったため、非常に危険な状態であった。放血が不十分な豚は湯船につけると同時に暴れだし、屠夫が豚に引きずられて湯船に落下し、失命する悲劇もあったと聞いている。

コンクリートの床の上に直接肉が置かれている
〈沖縄畜産工業（株）提供〉

棹計りで計量する食肉業者
〈沖縄畜産工業（株）提供〉

これらの屠畜場には多くの屠畜業者が出入りしていた。その多くは自分で精肉店を経営するものがほとんどであり、中には得意先の小売店に卸す業者もいた。どこの精肉店よりも先に新鮮な肉を陳列できるかが勝負であったため、屠畜検査の順番は非常にシビアーであった。

また、これらの屠畜業者は自分で豚を購入するので家畜商的な行為も行っていた。豚の購入、屠殺解体、部分肉カット、食肉販売というような1人4役、5役を兼ねる一貫経営をおこなっていた。この方式は流通経路を省略するので、精肉を安価で消費者に提供する面からは効果的であったが、生体取引価格が屠畜業者によって一方的に決定されるという不合理、そして衛生的にも好ましくないとの理由からその改善が要望されていた。

七、㈱沖縄県食肉センターの創設

そのため、豚の購入・搬入、屠殺、カット、格付け等の各業務を分離して行う公的な食肉センターを設置し、肉豚や枝肉の価格決定も日本食肉格付協会の格付員による格付を基に、入札制にして公明正大に行っていこうという考えから、当時の琉球農連（現ＪＡおきなわ）が中心となり、本島内の農協が出資し、授権資本25万ドル、払込み資本12万5千ドル（経済連10万ドル、農協2万5千ドル）の会社としてスタートした。

本土復帰を目前に控え、琉球政府もかねてより、食肉流通の合理化と肉豚及び枝肉価格の安定化を講ずるための抜本的対策を検討する中で、屠畜場の再編整備を模索していた時期でもあった。復帰前年の１９７１（昭和46）年、本土産米穀資金の借入可能と同時に、建設資金として74万8千ドルを借り入れ、同年、琉球農連を主体とした株式会社沖縄県食肉センターを設立し、大里村に1日豚処理能力５００頭の近代的設備を有する屠畜場が建築され、経営も近代化されるようになった。その後、北部養豚農業協同組合が中心となり、豚処理能力1日３００頭の北部食肉センターを名護市に設立した。

原野に建設された（株）沖縄県食肉センターの全容
（沖縄県食肉センター提供）

八、屠畜場の改革と再編

近代的な沖縄県食肉センターの完成に伴い、県では復帰と同時に屠畜場の改築と再編を実施する予定であったが、諸般の事情で1年間の猶予期間をおくこととなった。その間、県の指導により、前述した32の小規模な屠畜場は次の12の屠畜場に整理統合された。

沖縄本島

①（株）沖縄県食肉センター（大里村）②中部食肉販売（株）（美里村）③（株）北部食肉センター　④沖縄畜産工業（株）（那覇市）⑤真玉橋畜産加工（株）（豊見城村）⑥（株）那覇ミート（那覇市）⑦小禄畜産（株）（豊見城村）

宮古

①下里屠畜組合屠畜場（平良市）

八重山

①共栄屠畜場（石垣市）②与那国町屠畜場（与那国町）

久米島

①久米島屠畜場（具志川村）

南大東

①南大東村屠畜場（南大東村）

第二節　改革と再編をめぐって

一、トラブル多発

復帰から1年を経過した1973（昭和48）年5月15日を期して、1年間猶予されていた「と畜場法」が適用されるにともない、様々なトラブルが続発した。

沖縄では、伝統的に魚も肉も「いまむん（新鮮なもの）」と称し、冷凍・冷蔵ものを忌避する習慣があった。

これまで沖縄の「と畜場法」では、処理した肉はその日に持ち帰り、販売することが可能であったが、新しい「と畜場法」では摂氏10度以下で24時間以上冷却することになり、そのための冷蔵施設等の整備が必須条件となった。その他にも改善すべき衛生上の課題は多く、県からの改善勧告がなされていた。

1年間の猶予期間を設定したのにもかかわらず改善勧告に従わなかった那覇市内および南部地区の沖縄畜産工業、真玉橋畜産加工、小禄畜産、那覇ミート、糸満町屠畜場、久米島屠畜場の6屠畜場には当局から、その使用停止命令が下された。

一方、北部では1972（昭和47）年、名護市に設立された（株）北部食肉センターに国頭、大宜味、本部、今帰仁、羽地、名護の各屠畜場が合併し、中部においては屠畜業者が出資しあって美里村（現沖縄市）内に泡瀬食肉加工販売（株）を設立し業務を開始した。このように中・北部では比較的スムーズに小規模の屠畜場が合併し、衛生基準に合致した新しい屠畜場に移行したのに対し南部ではことはうまく運ばなかった。

先述した南部地区の各屠畜場はそれぞれの思惑があり、独自に施設を改善することになっていたが、物価高騰のあおりを受け、施設改善の進捗状況は芳しくなかった。改善勧告の期日までに間に合わなかった各屠場は、その使用停止を余儀なくされたのであるが、処分延期の処置を県知事に陳情した。

二、屠畜業者は大騒ぎ

陳情を受けた県は、施設改善のため1年間の猶予を与えたこと及び消費者に衛生的で安全な食肉を提供する必要から、屠畜場の使用停止処分は解除することはなかった。また、食肉の供給に関して、当時すでに衛生基準に適合した屠畜場が3カ所あり、これをフル回転することにより、補充は十分であるという判断があった。

また、県としてはこれらの屠畜場の設備が完備されるまでは、食肉センター施設における委託屠畜による販売に協力するよう要請を重ねた。が、これにおさまらない屠畜場関係者や屠夫らは沖縄県食肉センターへ押しかけ、力で食肉の搬出阻止にのりだした。

食肉センターへ押しかけた屠畜業者は、センターに出入りする食肉販売業者に、肉の搬出を停止する強硬な姿勢を取ったり、センターから冷蔵車で搬出された肉の行き先を追跡し、取引を拒否するよう説得工作を行う者までいた(『創立20年のあゆみ』(株)沖縄県食肉センター参照)。

三、豚肉騒動

この抗争は解決の兆しが見えず、ますます混迷の度合いを深める一方で、影響は養豚農家にも波及してきた。出荷が遅れると餌代がかさむ上に、脂肪過多になり肉質が低下し、消費者に良質な豚肉を提供できなくなるおそれが出てきた。肉質が悪くなると当然食肉としての価格も安くなり、畜産農家への打撃が懸念されるようになった。その一方で、施設の改善を鋭意進めることで使用停止の期限を延長するよう、県当局と粘り強く交渉を続けていた業者側は、組合員を総動員してセンターでのピケ行動を強化していた。

こうした状況は、県民にとってなくてはならない豚肉の入手が次第に困難になっていった。家庭はもちろんのこと食堂などの飲食店へも影響を与え始めるようになってきた。

「アシティビチ、ソーキ汁、中味汁、沖縄そばが食べられなくなる」ということは、ウチナーンチュにとって大変なことである。事態は次第に〝豚肉騒動〟の様相を呈してきた。この事件には、県の公務員獣医師たる屠畜検査員も巻き込まれていく。そのいきさつを述べる前に食肉衛生検査所設立にいたるまでのことを記述しておきたい。

四、食肉衛生検査所の設立

本土復帰を目前に控え、1969（昭和44）年7月に屠畜行政は農林局畜産課から厚生局公衆衛生課へ移管され、屠畜場および屠畜検査業務は各保健所の所轄となった。が、この期におよんでも各地に小規模な屠畜場は32カ所もあったことは先述したとおりである。

ところが、屠畜検査業務を引き受けることとなった各保健所には、その数に対応できるほどの獣医師（屠畜検査員）の確保はできないため、1人の検査員が2～3カ所を掛け持ちで検査するという状況であった。

復帰に向けての屠畜場の整備、屠夫等の従業員研修については各屠畜場で着々と準備を整えつつあった。それに呼応するため当局でも、本土から専門の講師を招聘し、長期にわたる屠畜検査員の講習会を実施し本土化に備えた。

1972（昭和47）年5月に新生沖縄県が誕生し、屠畜場法や食品衛生法等の関連法規もそれに伴い、その適用を受けることとなった。屠畜検査については、それを実施する公的機関としての食肉衛生検査所の設置が望まれていたが、復帰2年後の1974（昭和49）年4月1日に屠畜検査の専門機関として、沖縄県食肉検査所が那覇市曙の「とみはまビル」の一角で産声をあげた。また、同年6月1日には名護市内の小さなビルの2階を借り上げ、沖縄県食肉衛生検査所北部支所を立ち上げた。文字通り間借りなりにも民間のビルの一部で業務を推進してきたが、検査設備の不備に加え、人畜共通感染症の蔓延防止、公衆衛生上の観点から、1979（昭和54）年3月29日をもって沖縄県（後に中央）食肉衛生検査所は大里村（南城市）字大里2015番地へ新築移転し、3年後の1982（昭和57）年3月10日に沖縄県（後に中央）食肉衛生検査所北部支所が名護市世冨慶923番地に新築移転した。そして約35年後、老朽化に伴い現地建て替え工事が進められていた中央食肉衛生検査所で2015（平成27）年3月17日に開所式が行なわれた。

1979（昭和54）年南城市に移転以来業務を続けてきたが、2001（平成13）年にはBSEの全頭検査が始まるなど、家畜感染症の拡大を防ぐ高度な監視機能が求められていた。そのため同施設は病原体を封じ込める「バイオセーフティーレベル3（BSL3）」が設置され、検査業務の効率化や衛生管理の強化を図った。

五、豚肉騒動のてんまつ

保健所に配属された獣医師（屠畜検査員）は、1人で2～3カ所の屠畜場を掛け持ちで検査するケースもあり、急用があっても年休もとれないほど勤務状況は過酷であった。当時の屠畜場は狭く床も滑りやすく危険きわまりない上に照明設備は裸電球が所々にぶら下がっているような劣悪な状況であった。このような中で、盆や正月等の祝祭日には豚肉の需要が大幅に増えるので午前零時頃から屠殺が開始され、その日の正午頃まで延々と続けられることが常であった。屠畜業者は家族総出で数頭の豚を処理するため、内臓や枝肉は長時間室内に放置され、鮮度の低下は免れなかった。このように超多忙時にもかかわらず、検査員は1人で40～50人の業者を相手にしなければならない上に検査する豚も200頭を超すこともあった。また、検査によりレバーや肺等が廃棄されるたびごとにトラブルも続出した。

　時あたかも屠畜場の整備・統廃合の問題が盛んにいわれていた折り、県職員たる屠畜検査員は、「このような状況の中では十分な検査はできない、安心して食べられる食肉を検査員が責任をもって検査できる施設を造るように」との要求を掲げ職場放棄をした。

　食肉が市場から消え、婦人団体や消費者団体からの抗議も県や県職労に対し湧き起こった。一方、屠畜業者は売りたくても肉はない、包丁を持って当局に押しかける始末で、危険を察知した検査員たちは、自分自身と家族の身の安全を守るため、官公労共済会館（那覇市）に泊まり込み、そこから出勤するという状態であった。

　屠畜場の改築・統廃合が遅々として進展しない中で、検査員は過酷な労働を強いられるとともに自信を持って安全な食肉を県民に対して供給できないジレンマの中で、やむを得ずストという荒療法を打って出たのであるが、多くのウヮーシシ・ジョーグー（豚肉上戸）のウチナーンチュを巻き込み、マスコミを賑わすこととなったことは特筆すべき事件であった。

　豚肉が市場から消えて1週間が経過すると、食肉センター入口でピケを続行していた屠畜業闘争委員のメンバーの中から、このままでは県民の同意は得られないという意見が出始め１９７３（昭和48）年5月21日をもってピケを解除した。5月16日以来、１２００頭分の肉を冷凍室に抱えていた食肉センターは、出荷再開の喜びをかみしめながら業務を再開したのである。

　屠畜業者、生産者、消費者、行政機関がそれぞれの立場を譲歩せず、解決まで事件が長期化することが心配されたが、最終的には話し合いによって問題解決がはかられ、将来への禍根を断つことができた、と『創立20年のあゆみ（株）沖縄県食肉センター』の中で当時のことを回顧している。

六、日本と沖縄の肉食と屠殺

我が国では古代にさかのぼれば牛馬の肉を食べる風習はあったようであるが、仏教の伝来以後は宗教的な禁忌からその風習がなくなったと考えられている。が、沖縄では仏教の形式は取り入れながらも、殺生禁断の思想に基づいた肉食禁忌は見られず、犬や猫を含め、四つ足獣を食用の対象としてきた。

一方、本土では明治になって、それまで閉ざされていた鎖国の扉が開かれ、文明開化の波に乗ってやっと肉食の普及が起こってくる。

なお、屠殺あるいは屠殺場については、引用した文献や時代背景等により、「屠畜・屠畜場」、「と畜・と畜場」、「屠獣・屠獣場」等様々な言い方があり、本章または他章においても定まらない。現在、屠《と》という字は常用漢字ではないために正式には使われていない（法律名も「と畜場法」となっている）が、文面上つながりが悪いため、すべて屠を使用することをご了解いただきたい。

屠畜場といっても一般の人たちにはまるでなじみがない。現在、「と畜場法」により、屠畜場以外では獣畜（牛、馬、豚、めん羊、山羊）を屠殺してはいけないことになっている。そのため一般の人たちは豚がどのような作業行程を経て肉になっていくのか知る術はない。ここでは近代的な設備を有する「名護市食肉センター」において、豚の搬入から始まり、生体検査・電殺・解体を経て屠畜検査員（獣医師）による内臓検査、枝肉検査を経てさらに格付員による等級格付け、カットにいたる行程を写真で紹介する。写真は今は亡き元沖縄県北部食肉衛生検査所・金城清二主幹提供によるものである。

1、豚専用運搬車で運ばれ、繋留室へ導かれる。

2、シャワーを浴びせられサッパリした後、屠畜検査員（獣医師）による生体検査（望診・触診等）を受ける。異常があると解体禁止の措置がとられる。

3、生体検査に合格した豚は電殺場へ一頭ずつ追い込まれる。

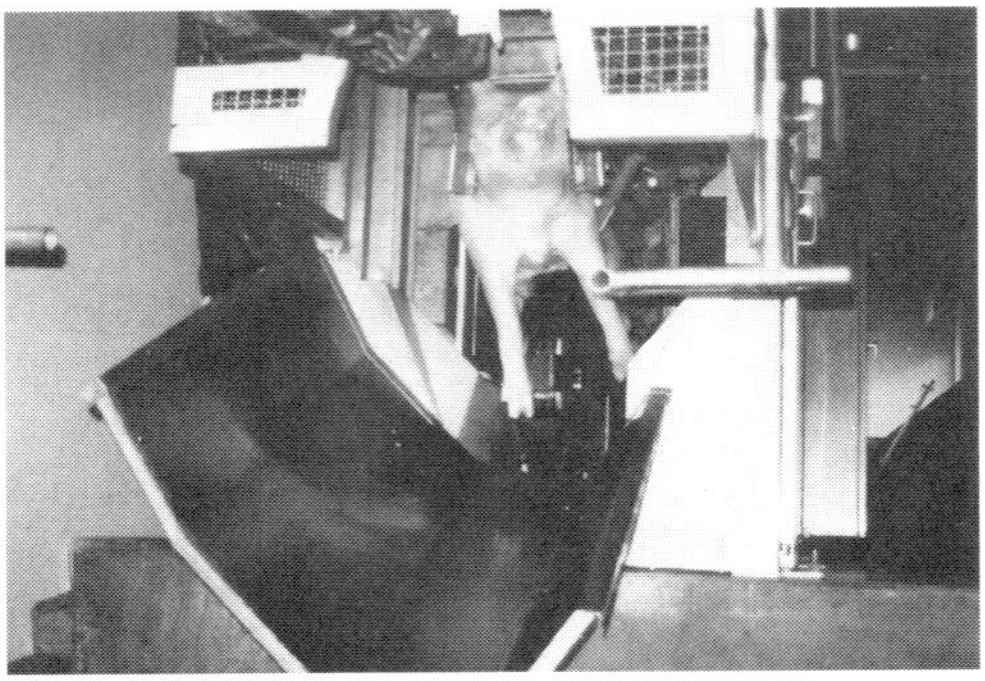

4、滑り台を豚がスライドしてくると自動的にクビに高電圧の電殺器が装着され、瞬時に昇天させられる。

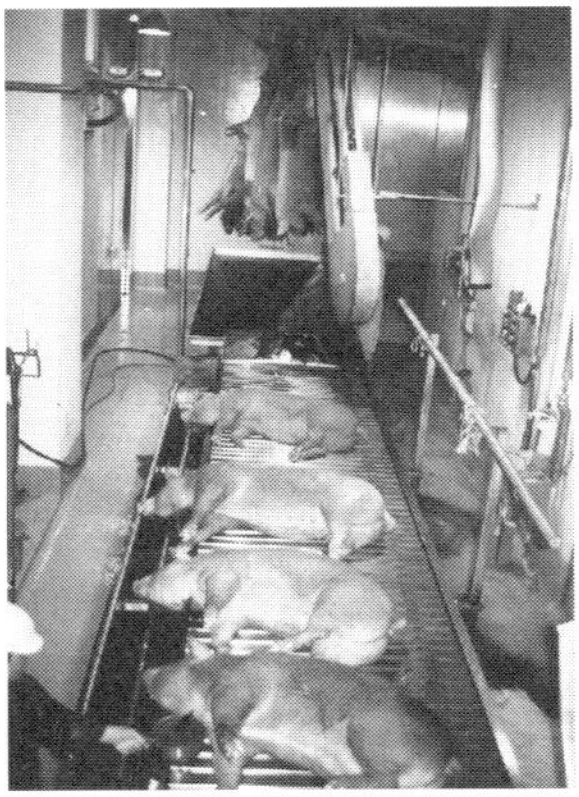

5、電殺された豚は速やかに放血される。

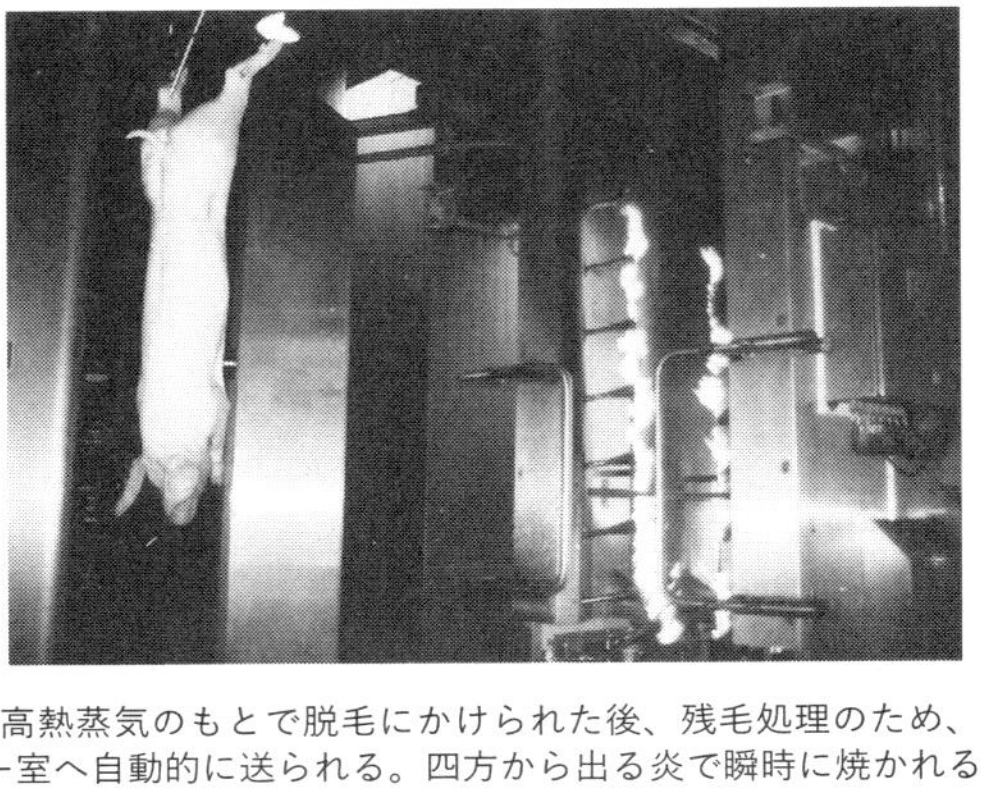

6、高熱蒸気のもとで脱毛にかけられた後、残毛処理のため、バーナー室へ自動的に送られる。四方から出る炎で瞬時に焼かれる。

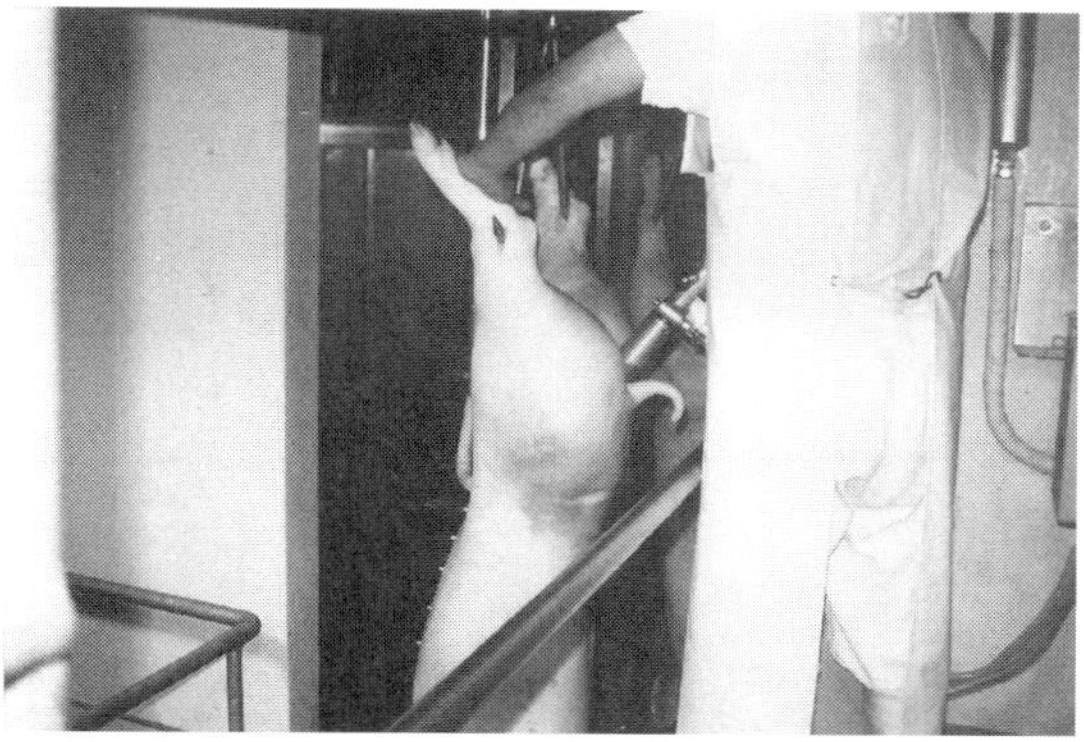

7、機械で肛門をえぐり（尻拭き）、腸を取り出しやすくする。

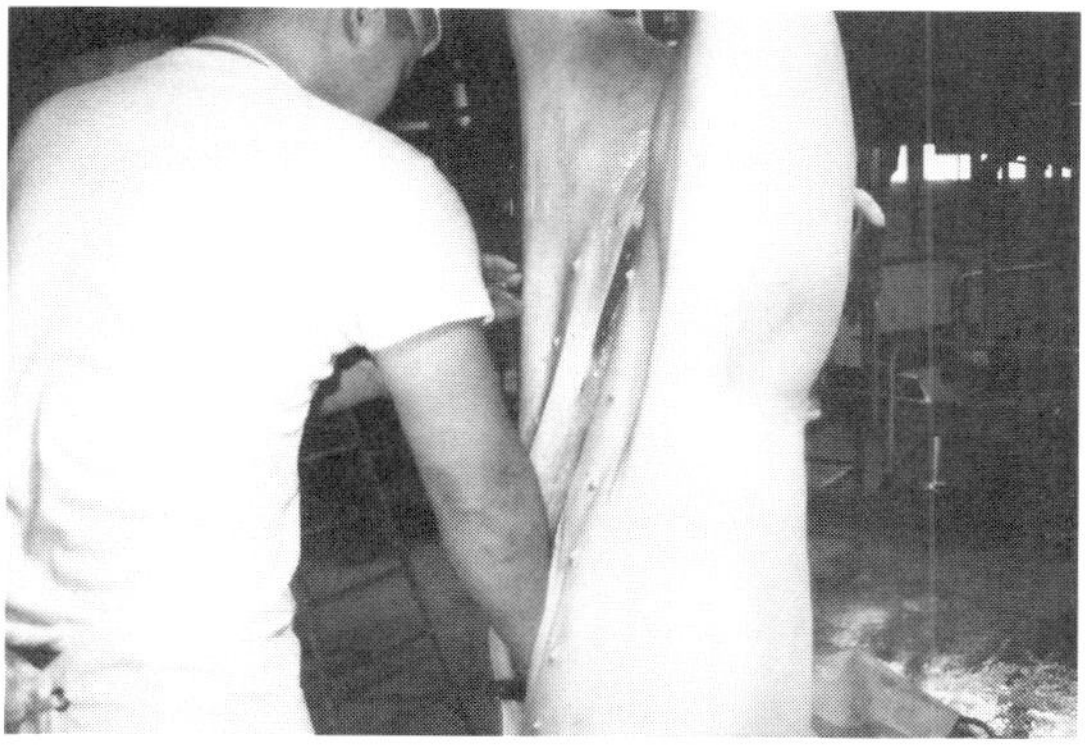

8、胃や腸を傷つけないように慎重に腹部を切断する。

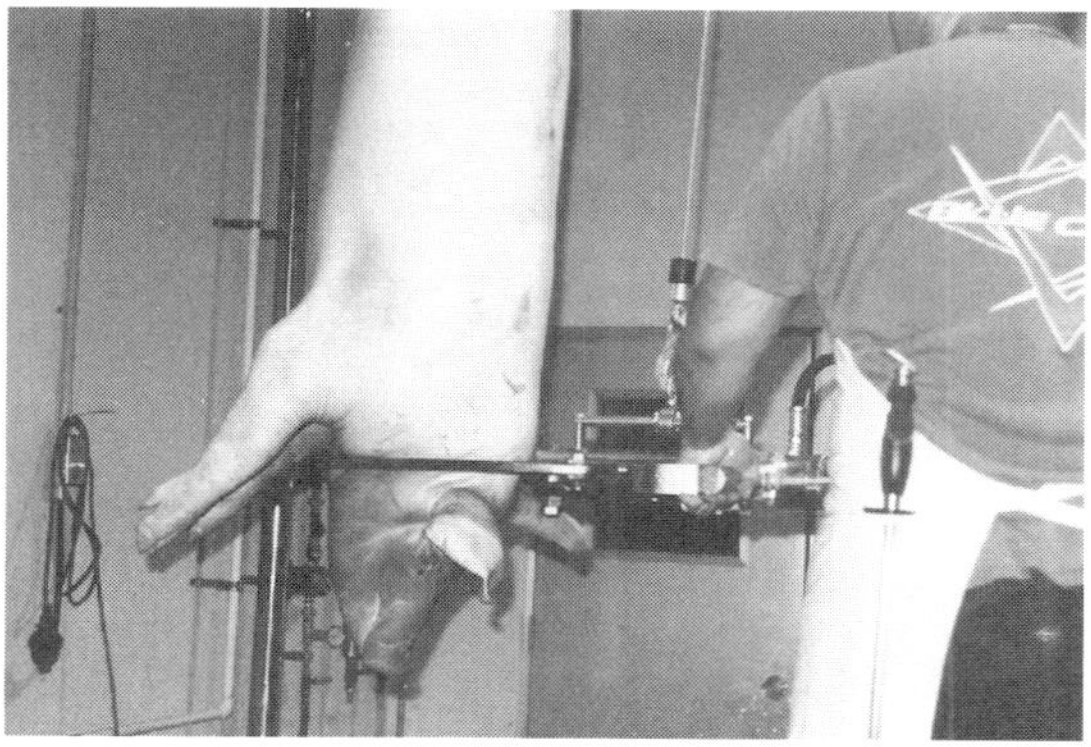

9、鋭利な大型ハサミで頭部を切断する。

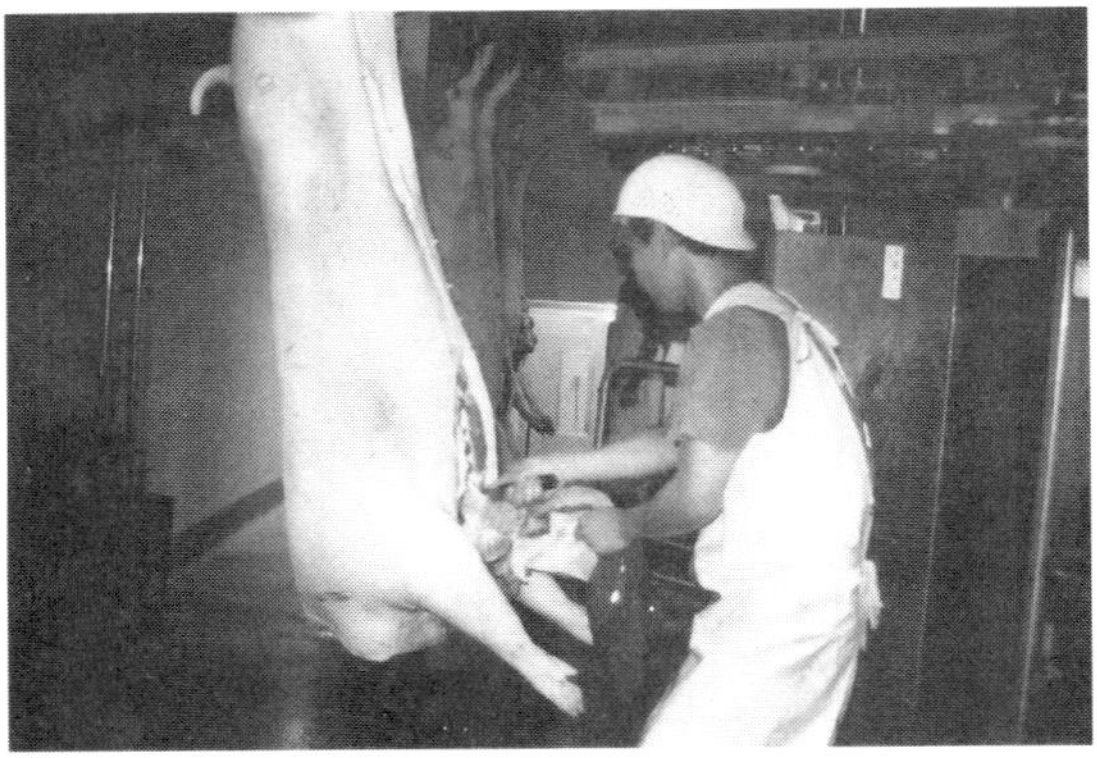

10、内臓摘出、白と呼ばれる大腸・小腸・胃と、赤と呼ばれる心臓・レバー・肺は別々に摘出され、白はバットへ赤はフックに架けられる。

11、検査員によって一頭ずつ検査される。異常が発見されるとただちに頭部や枝肉も保留され、精密検査に回される。

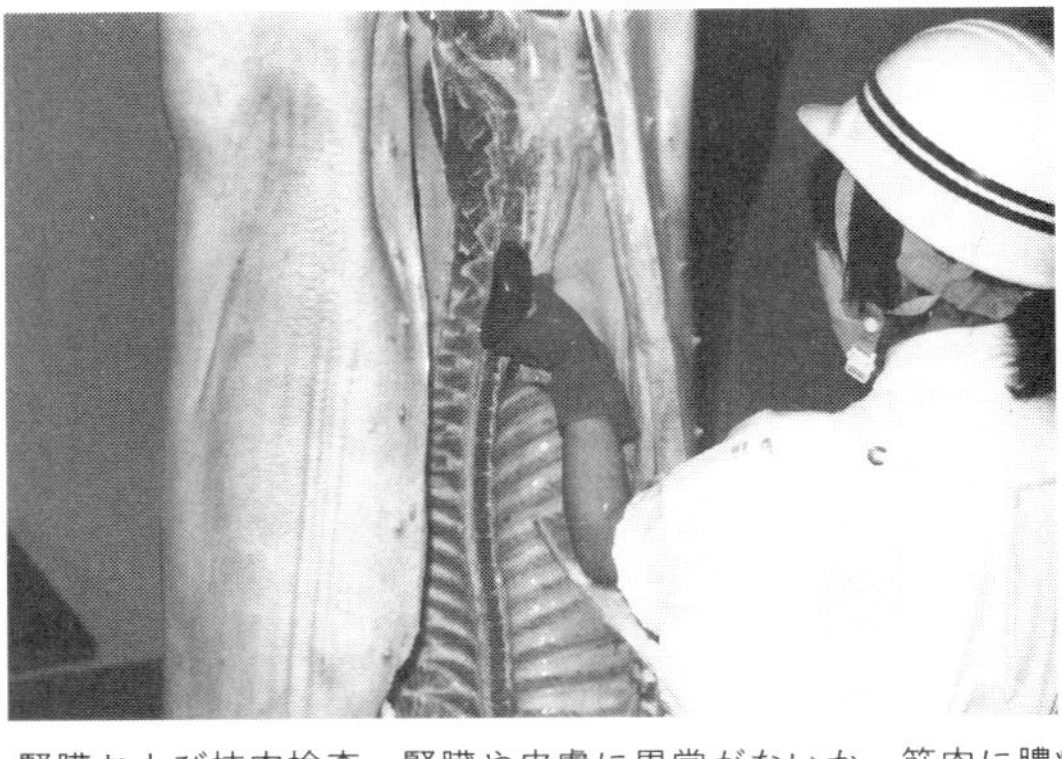

12、腎臓および枝肉検査。腎臓や皮膚に異常がないか、筋肉に膿瘍や腫瘍がないか、検査員の厳しい目が光る。

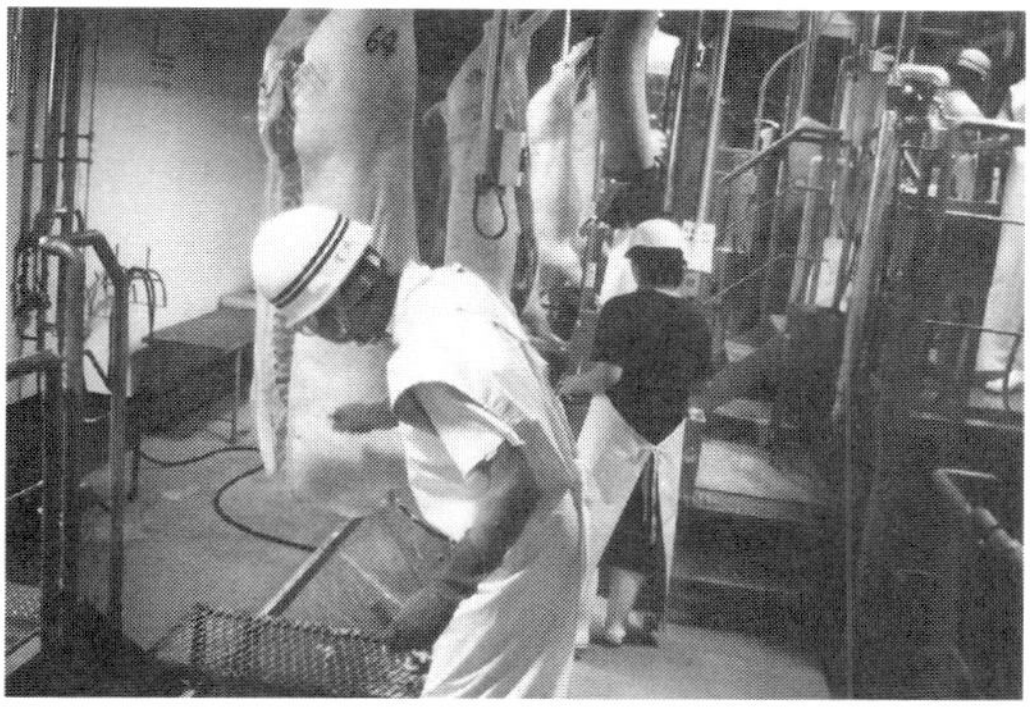

13、内臓検査や枝肉検査等すべての検査に合格した豚は検査員により所定の部位に検印が押される。

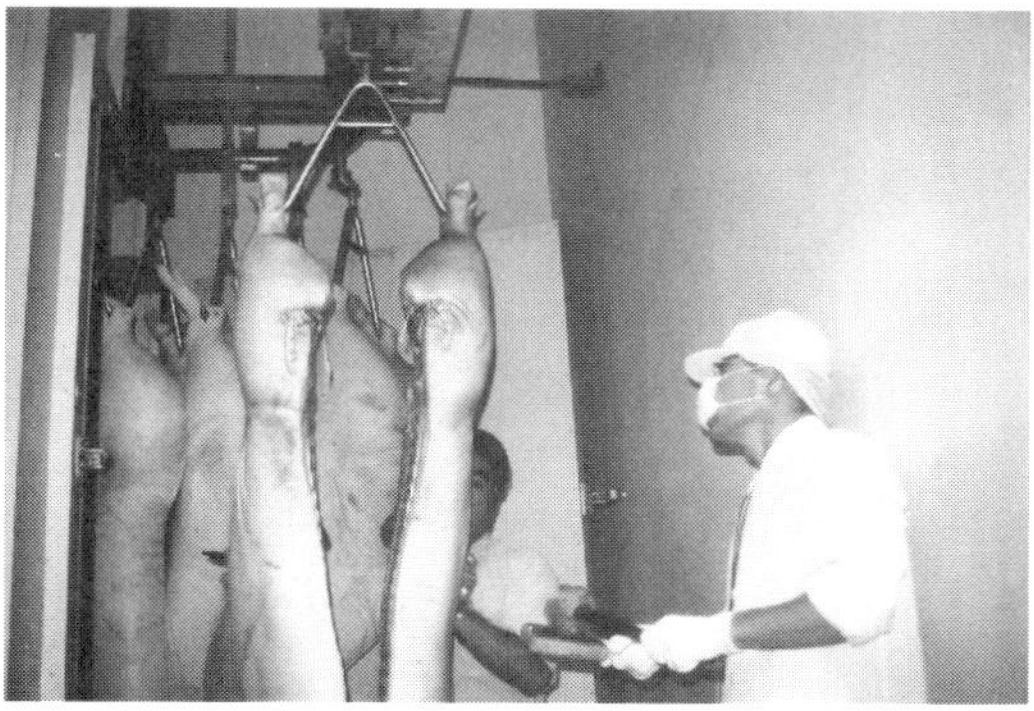

14、（社）日本食肉格付協会の格付員の厳しい検査により、枝肉の等級が決められる。

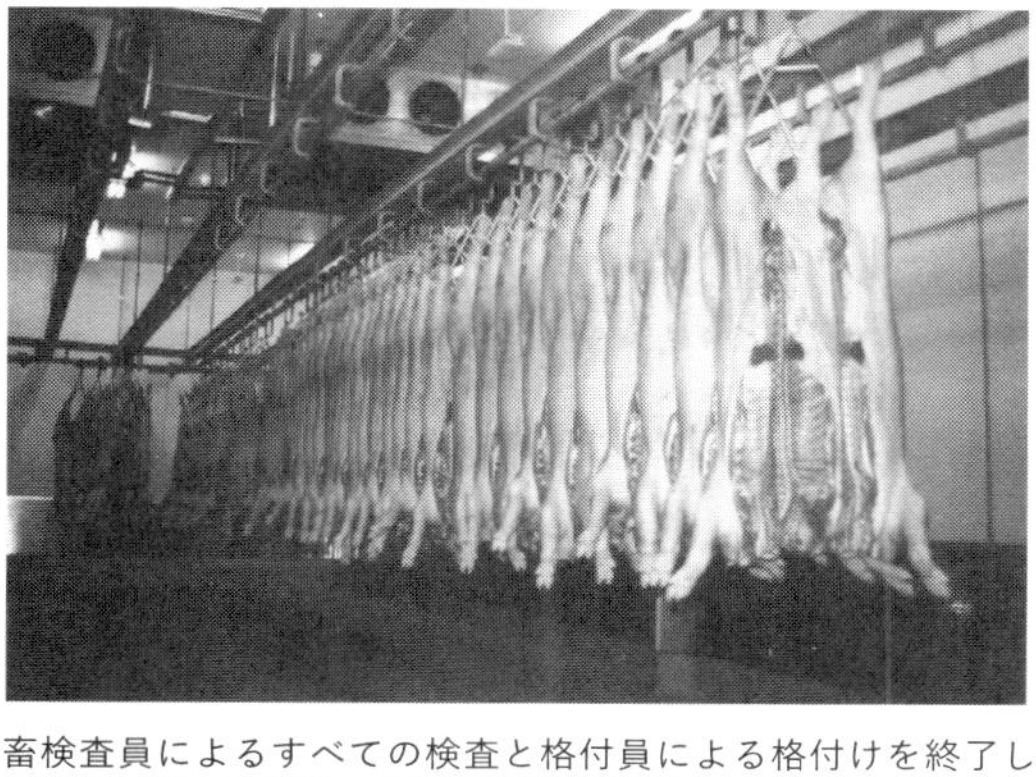

15、屠畜検査員によるすべての検査と格付員による格付けを終了した枝肉は、10°C以下の冷蔵室で 24 時間冷蔵保管される。

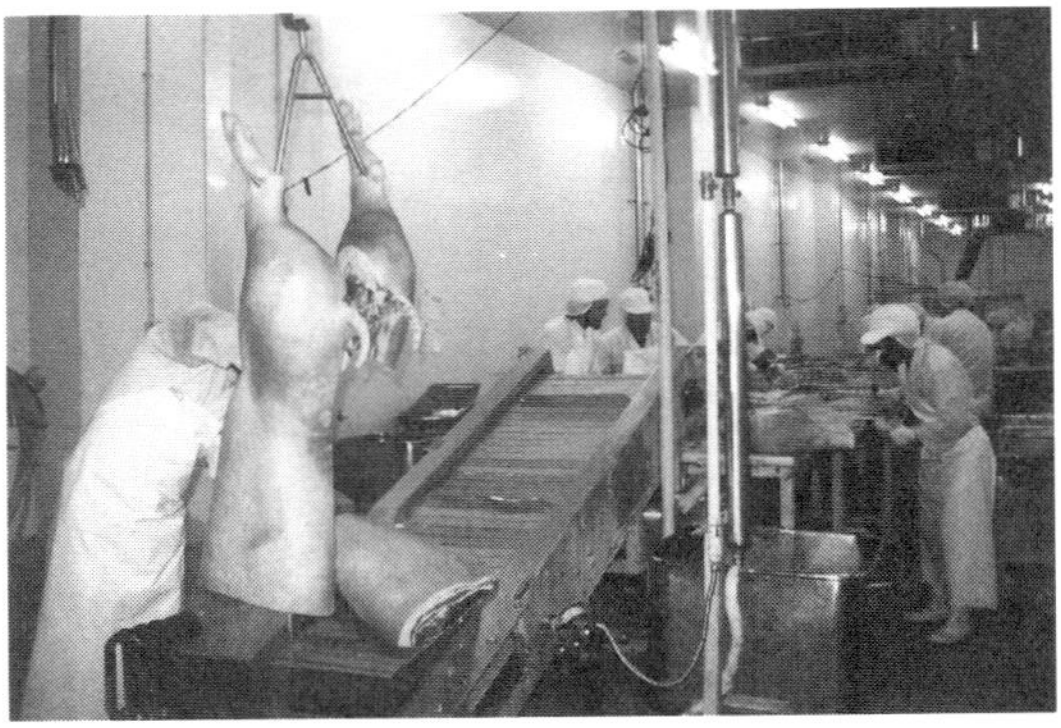

16、冷蔵庫内で24時間冷却された枝肉はカット室へ運ばれ、専門の職員により各部位ごとにカットされる。

17、カット室風景。骨抜きをしているところ。

18、カット肉は成型・包装、箱詰めされ、スーパーや小売店へ出荷される。

第六章　沖縄における豚肉料理の知恵

第一節　沖縄の豚食あれこれ

一、沖縄で欠かすことのできない豚肉

日本や日本人を語るとき、米を抜いては語ることはできない。米は田畑で生育している段階では稲と呼ばれ、刈り取られ脱穀されて米となる。米は炊かれてご飯や飯となる。ところが米を常食としない英米では、これらの区別はなくすべて「Ｒｉｃｅ」の一語で片づけられてしまう。

逆に牛や豚のことは日本では単に牛肉、豚肉と総称するが米英では牛、豚の年齢によって肉の呼び方も変わるし、成長の度合いや雄雌によって呼び名も変化する。これはまさに文化の習熟度の違いである。沖縄では普通、生きている豚にはウヮー、肉になるとシシ、煮た肉をアッタミといい、それぞれ異なる呼び方があり、豚肉の各部位にもそれぞれの名称がある。ボージシ（ロース）、ウチナガニー（ヒレ）、ハラガー（三枚肉・バラ肉）などであり、ウチナーンチュの食生活のなかで豚肉がいかに重要な役割を果たしてきたかという証左であろう。

二、調理方法の特徴

沖縄の豚肉料理は、その調理法や料理の種類など実に豊富である。その中でも最も特徴的なことは、頭の先（鼻の先から耳）から尻尾の先まで、内臓や血液も余すところなくすべて使いこなす料理法にある。

ミミガーさしみ（耳皮）、ラフテー（三枚肉の角煮）、ソーキ汁（あばら骨）、中身の吸いもの（臓物）、チーイリチャー（血液と肉と野菜の炒め物）、アシティビチ（豚足）など数え上げれば枚挙にいとまがないほど多岐にわたっており、味も濃厚なものから淡泊なものまで、巧

みな調理法が伝わっている。

このように無駄なく利用する沖縄の豚肉料理の発達の背景には、①日常の食べものにも不自由する貧しい生活ゆえに、滅多に口にすることができないご馳走となる豚肉を粗末に扱うわけにはいかなかった。②ソーキ汁、中身汁、ティビチ汁などの汁物のように水で薄めて多くの人に行き渡る工夫をしたこと、③高温多湿の沖縄では室温で食品を放置すると傷みが早い。汁物だと残っても温め直しが何回でもきくこと、などが考えられる。

三、冷蔵庫のない時代の豚肉の保存法

本土では豚肉を1kg～2kgの単位で購入することはほとんどないと思われるが、沖縄では節日や法事等の際にはそれ以上の単位で購入するのが普通である。その一塊の肉を買ってくると、先ず大鍋で茹でることから始まる。最初の茹で汁は脂肪分が多いので使わず、2回目、3回目の茹で汁を使う主婦が多い。この茹で汁もンブシー（沖縄風煮物）やチャンプルー（炒め物）に無駄なく使い切る。1度茹でた肉は30％程度の脂肪分が取り除かれるといい、これが沖縄の長寿を支えているといわれている。茹でた肉は大切り、短冊切り、さいの目切りなどに切り分けられ、ラフテー、チャンプルー、ジューシーなどに使い分けられてきた。

高温多湿の沖縄では、古くから豚肉の保存に関し様々な工夫が凝らされてきた。その中でも代表的なものはスーチキーと呼ばれる塩漬け豚肉である。塩をたっぷりまぶして瓶《かめ》に長期間保存するもので、年末に各家庭で屠殺した豚は半年から1年近くも保存され、その間、小出しに使われ重宝された。

砂糖醤油や泡盛で煮付けされた三枚肉はラフテーと呼ばれ、沖縄の豚肉料理の中でも人気がある。これは

アチラシケーサー（煮かえし）ができるので残っても保存がきく。ハンチュミ（沖縄風豚でんぶ）は豚の赤肉を長時間煮込んだあと、繊維をほぐしたもので保存がきき重宝されてきた。

油脂の入手が難しかった頃、豚の背脂肪や腹脂肪から搾ったラードは大変貴重な調味料であり、栄養源にもなっていた。豚の脂肪を３㎝角程に切って鍋に入れ、少量の水を加えて煮溶かし、布で濾したものが冷えると真っ白な上質なラードになる。これをアンダガーミと呼ばれる油壺に保管し、日々の糧であるみそ汁、ソーミン（素麺）汁、チャンプルー等に大切に使われていた。

四、豚肉と相性のいい食材

ソーキ汁やアシティビチ等の汁物には季節の野菜であるシブイ（冬瓜）、大根、ニンジン等が必ず入る。その他には沖縄では採れない昆布が必ず入っている。

これらの食材は豚肉ととても相性がいい。大豆からできた豆腐も相性がいい。豚肉は酸性食品であるがこれらの野菜や昆布はアルカリ性食品に分類され栄養バランスの面からも合理的である。

イナムドゥチは宮廷料理の流れを汲むといわれているが、材料として豚肉の他に椎茸、タケノコ、コンニャクが入り、白みそ仕立ての上品な料理であるが、椎茸、タケノコ、コンニャクもアルカリ性食品で豚肉との相性も抜群である。これらの食材は中味の吸いものにも欠かすことのできないものである。

沖縄料理の特徴の一つでもあるが、鰹節の利用を見逃すことはできない。鰹節でとったダシはほとんどの料理に使われており、沖縄料理がヘルシーといわれる理由の一つとしてダシが十分に効いているために塩分の使用量が抑えられるということがあげられる。県民食ともいえる沖縄そばのダシは豚骨と鰹節の合体が織りなすハーモニーであり、いずれが欠けても成り立たないほどその相性は抜群である。沖縄そばのスープが豚骨ラーメンにならない理由は鰹節である。

イカスミ汁というこれまた沖縄ならではの料理がある。シロイカの身とイカスミを使った、墨汁を連想させる真っ黒い汁に初心者はかなり抵抗を示すが、食べ慣れると止められなくなる魔力を持っている。このレシピに欠かせないのが豚肉である。豚肉の濃厚な旨みとイカスミの甘みが合体し、口中に広がるうま味は例えようのないほどである。

沖縄では、ゴーヤー（苦瓜）、ナーベーラー（へちま）、パパイヤ等がチャンプルーにしてよく食べられている。その他にも、もやし、カラシナ、ウンチェー（空芯菜）等の旬の菜のチャンプルーがあるが、それにも豚肉は欠かせない。また、パパイヤにはパパイン酸と呼ばれる肉を柔らかくする酵素が含まれており、ソーキ汁や肉汁にパパイヤを入れることもある。

五、沖縄そばにも必要不可欠

沖縄そばは沖縄の豚を語るとき、別枠で一章設けてもいいほど重要な食べ物である。沖縄そばの魅力の一つは「汁」にあるといっても過言ではない。よく「すばやダシクェームン（そばはダシが大事）」といわれているが、本土のそばやうどんのダシと沖縄そばの決定的な違いは豚肉を使うところである。一方、九州は豚骨ラーメンで有名であるが、同じ豚骨を使うラーメンのスープと沖縄そばのそれとの違いは鰹節にある。このように「豚」と「鰹節」の織りなすハーモニーが沖縄そばのスープの独特のコクを醸し出している。

だし

163ページをご参照いただきたい。（株）サン食品発行『そば解体新書』から紹介した。麺もさることながら、沖縄そばにとってその存在を左右するほど大切なのがスープである。丁寧にアクをとって煮出した豚骨だしに、鍋を覆いつくすほど入れた鰹節。澄んでいるのにしっかりした旨みがあるのはそのせいだ。

具

沖縄そばが庶民に食べられるようになった明治時代には、肉とネギというシンプルなものだった。当時はさいの目に切った赤肉が10切れほど載っていただけ。店によっては卵焼きをトッピングしていたことが記録されている。その後かまぼこと紅ショウガを載せるようになった。それ以後、沖縄そばの具は「シシティーチ、かまぶくターチ（豚肉一切れ、かまぼこ二切れ）」というスタイルが基本となっていたが、長年のこのスタイルを変えたのが、1975（昭和50）年に開催された沖縄海洋博覧会。名護市に「ソーキそば」が登場した。

ソーキとは肋骨（スペアリブ）のことで、沖縄では昔から豚の一番美味しいところとして重宝されてきた部位である。瞬く間に県内全土に広がった。これを機にティビチや中味など具のバリエーションは進化している。

（資料提供：株式会社 サン食品）

砂糖醤油や泡盛で煮付けされた三枚肉は沖縄ならではの最強の具

ソーキ

定番のかまぼこ二切れ

だしの取り方

1、沖縄料理の「味」の決定打、だしにこだわれば必ず鰹節に行き着く

2、まさに骨の髄まで味わい尽くす沖縄そばの妙味がここにある。

3、だしのコクを一手に引き受けるのが豚骨。

4、まず厳選した豚骨と削り節を用意する。店によっては鶏がらや煮干しなどを使用する場合もある。

5、大量の鰹節を使用することにより、濃厚なうまみを引き出す。

6、削りたての鰹節は味も香りも削り節とは全く異なる。

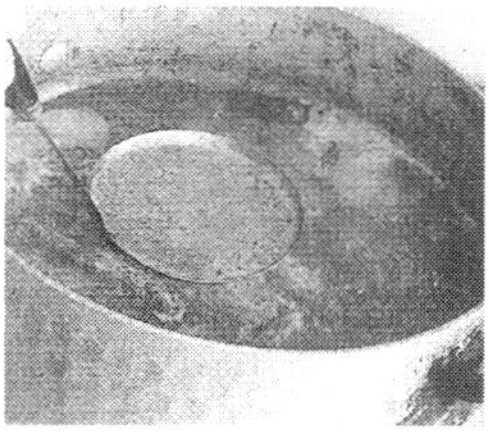
7、豚骨は大鍋で 2、3 回茹でこぼし、沸騰させずにアクを取り除きながら 2、3 時間煮る。

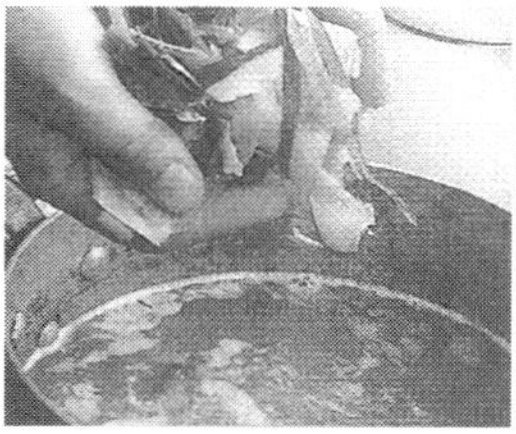
8、豚骨だしを十分に引き出したら鰹節の削り節を入れる。

9、30 分ほどコトコト煮て香り立つようになったら清潔なナプキンでこす。

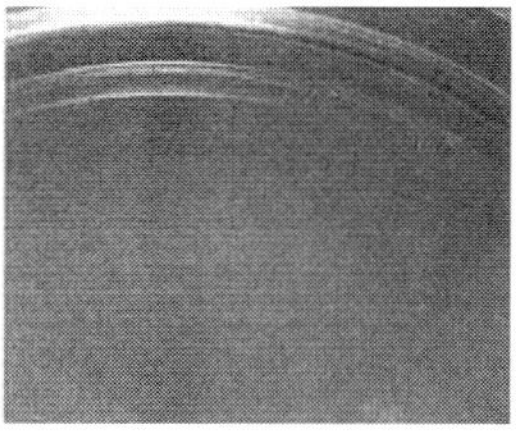
10、こしただし汁は塩（好みで醤油を加える）で味を調える。塩加減は好みで。これでだし汁の完成。

第二節　アグーを味わう

レッドロブスター（那覇市安里）

アグー豚ステーキ（単品２１８０円）

アグーのステーキを探していたがありましたネ。早速それを注文したが、ウェイトレスは焼きかたについて訊かなかったので気になっていた。

案の定、運ばれてきたのはウェルダンに焼かれたハードなステーキだった。ジューシーさがなくパサパサ、せっかくのアグーが泣いていた。焼き方にもうひと工夫欲しい。

ワサビ醤油は良かった。

値段の割にはやや寂しい

アグー豚と石垣牛のハンバーグ（単品２２８０円）

アグーと石垣牛の合挽きハンバーグ。

横綱同士のぶつかり合いで軍配はどちらに上がったのか、食べた本人が分からない。それぞれの肉で勝負してほしかった。

それなりに美味しかったがソースにもうひと工夫欲しいところ。

盛り付けもいまいち

琉球豚屋くろとん（那覇市）

やんばる島豚あぐーのロースカツ定食（1580円）

ランチ限定。パンフレットには琉球在来豚アグーとデュロック・バークシャーの3品種の特徴を生かした最高級豚肉と紹介されている。

160℃の低温でじっくり揚げている。しつこくなく、適当な噛みごたえと味は申し分ない。

旨そうなロースカツ

ボリューム満点のヒレカツ定食

やんばる島豚あぐーのヒレカツ定食（1780円）

前者と同様にランチ限定。ロースに比べると200円高い。なるほどボリュームもかなりある。焼き方は前者と全く同様だが、テクスチャーはロースに比してパサついており、味の面では適当に脂がのったロースカツに軍配を上げた。

そばDINING てぃ～あんだ畑（那覇市具志）

アグーそば（大900円、中750円）

メニューは「自家製アグー豚づくしそば御膳」中・大のみとなっている。

左上がアグーのソーキ、三枚肉、赤肉の３点盛

一口スープをすすって衝撃を受けた。アグーの豚骨と鶏を沸騰させずに長時間煮込んだ後、カツオ節と自家製野菜を加え、さっぱりと上品に味付けした一点の濁りもなく澄んだスープは、なかなかのもの。このスープに自家製の細麺がよくマッチしている。

大のトッピングは、アグーのソーキ、三枚肉、赤肉の3種盛り、中は2種盛りとなっている。

他に5ミリ角の背脂の揚げたのが5～6個添えられており、スープに入れると味が引き立つ。

レッドプラネットホテル那覇（那覇市前島）
アグーカレーのバイキング（980円）

国道58号沿い、アグーカレーバイキングののぼりが気になっていた。食べ放題とはいえ、3杯も4杯も食べられるわけはない。シンプルなアグーカレー、冬瓜とアグーカレー、カボチャとアグーカレーの3種があり、それぞれのカレーは個性があって楽しい。しかし、メインはアグーカレーだ。大きめのアグー肉がごろごろ入っており食べ応えがある。

好みで温野菜としゃぶしゃぶをトッピングしたアグーカレー

わき役として種々の温野菜、野菜チャンプルー、パスタなども控えている。サラダバー、

ドリンクバー、デザートもついて９８０円はリーズナブル。

長堂屋（今帰仁村字玉城）

今帰仁アグーのしゃぶしゃぶコース（１人前２０００円）

「しゃぶしゃぶコース・モモロースと季節の野菜もり」を、いつもお世話になっている先輩にご馳走になった。赤肉のしっかりした歯ごたえと脂身の旨さが、タレやユズの薬味が口の中で見事なハーモニーを奏でて、わんからわんから箸が進む。ヘルシーな季節の野菜も箸休めに良い。肉や野菜を平ら

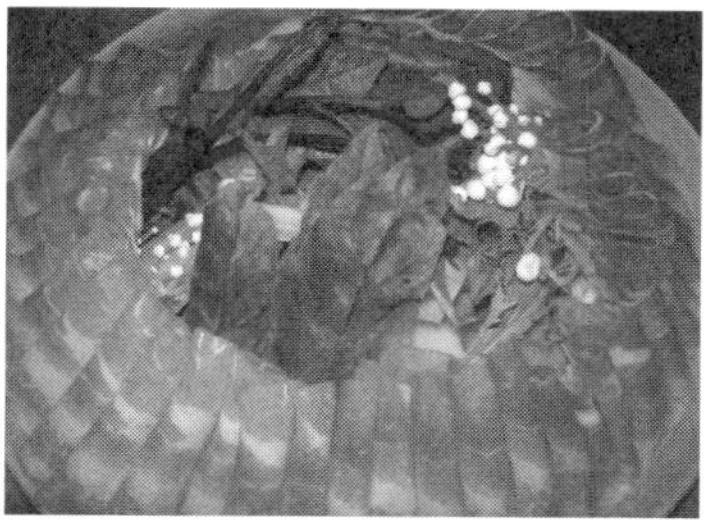

ピンクと白のコントラストが食欲をそそる

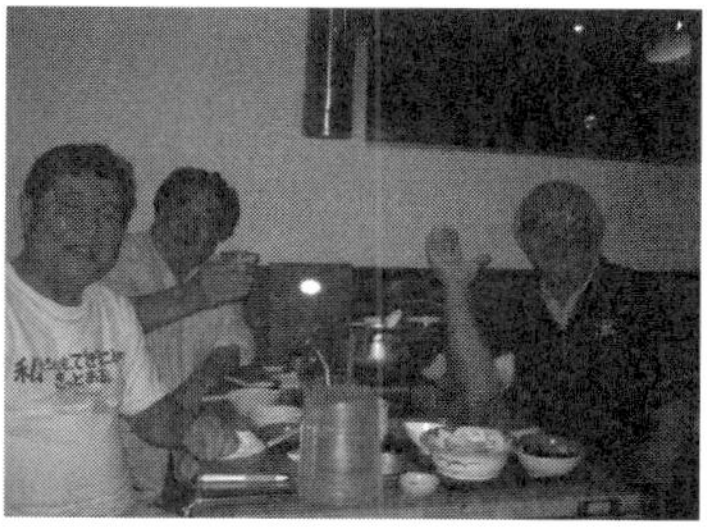

満足そうな面々

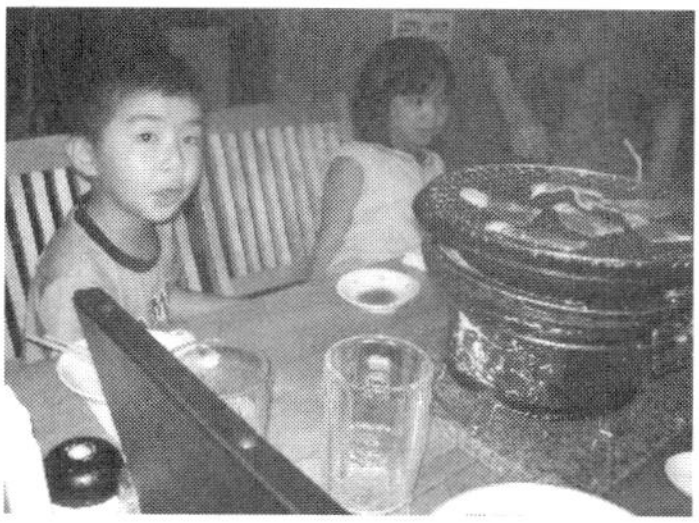

子供にとっても焼肉は大好物

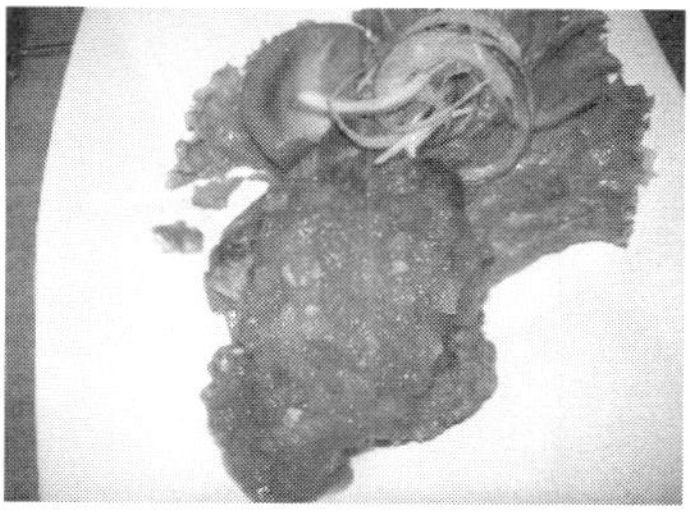

今帰仁アグーのハンバーグ

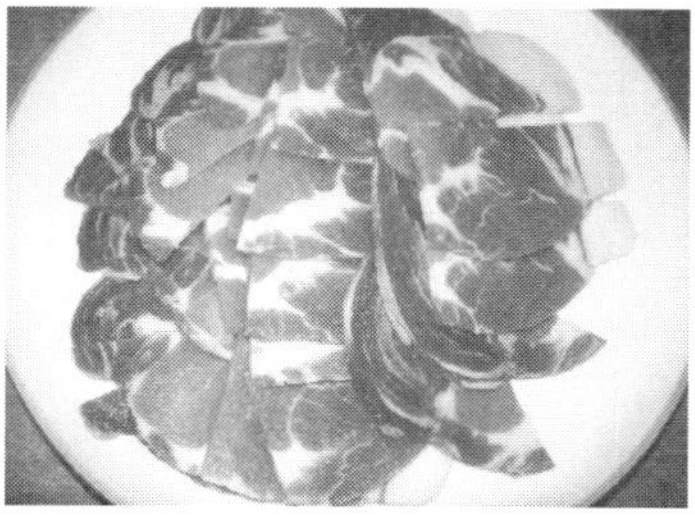

おいしそうな今帰仁アグーのロース

げ旨味が残ったスープにご飯を入れた定番のジューシーはさっぱりして旨い。

私たちの隣のテーブルでは、夏休みで神戸から来ていた又吉さんのお孫さんたちが今帰仁アグーの焼肉とハンバーグを食べていたので写真だけをパチリ。

中華風のあぐー生姜焼定食

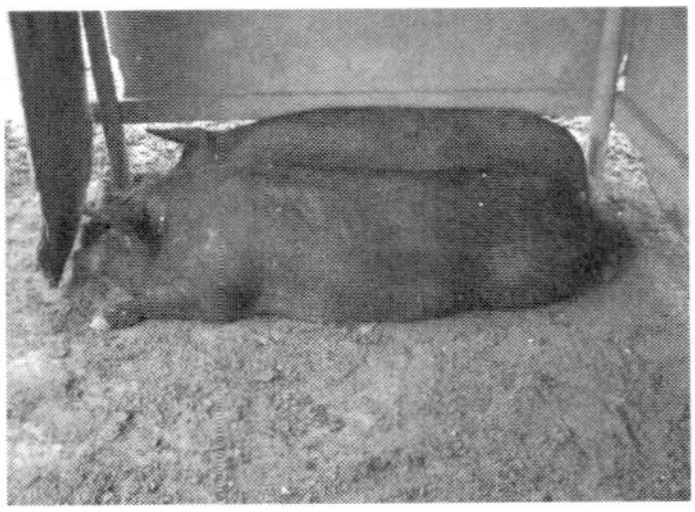

店舗の敷地内の後方で飼われているあぐー

南国亭（八重瀬町字仲座）
あぐーの生姜焼定食（600円）

自社農場でおがくずのベッドで育てたあぐーの肉は、コレステロール値が低く、旨味成分が豊富でジューシーな味わいが特徴―とパンフレットに記されている。生姜焼定食は600円とリーズナブルでボリュームがある。和風の生姜焼きと異なり中華風のとろみが特徴。肉の味はしっかりしているが塩辛い。

南国アグー亭（那覇市久米）
あぐーのハンバーグ定食（1200円）

大根おろしを添えたボリュームたっぷりのハンバーグ。ソースも和風だが、残念ながらジューシーさに欠ける。味にもう一工夫欲しいところ。

ヘルシーかつ定食（1000円）

アグーの余分な脂肪層を切り落とし薄切り肉（スライス）を重ね合わせミルフィーユ風にカツにしたアイデア商品。柔らかく脂濃くないので、年配や女性の方にお勧め。

かつ丼定食（1000円）

大きめのどんぶりに盛られたカツはボリュームがあり食べ応え十分。あぐー肉と卵の旨みと玉ねぎの甘さがコラボし箸が進む。

あぐー肉の餃子（単品・500円）

食べなれている三日月状の餃子と異なり丸みを帯びた特製餃子をフーフーしながら食べるとジューシーなあぐー肉の旨味が口中に広がる。

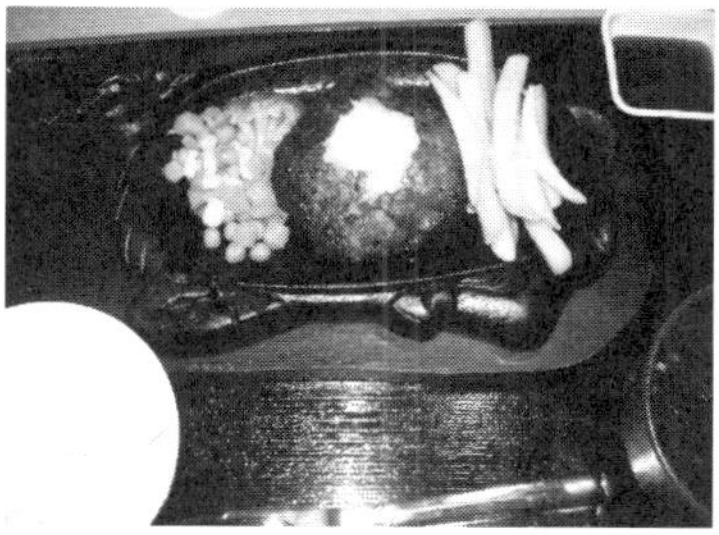

ハンバーグはボリュームたっぷり

見ただけで満腹になりそう

リーズナブルなヘルシーカツ定食

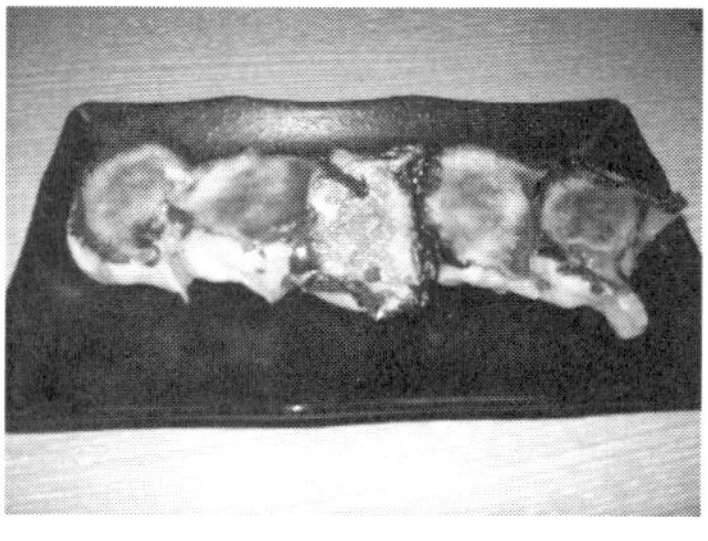

丸みを帯びた特製餃子、持ち帰り可能

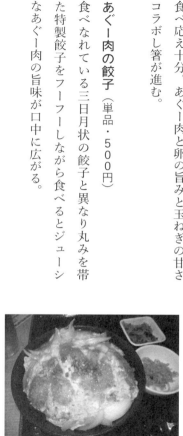

石垣牛とあぐーの専門店　八重山　牧志店

沖縄あぐーの焼肉

あぐーのそれぞれの部位が単品で楽しめる一皿と、各部位が大皿に盛りつけられたセットメニューがある。脂肪が売りのアグーだけにその白さと赤身のコントラストがまぶしい。噛みしめるほどに野性味のあるアグーの旨みが口内に広がりご飯が進む。特に豚トロは適度な噛みごたえがたまらない。

あぐーの冷しゃぶサラダ（８４０円）

さっぱりしたアグーの冷しゃぶとレタス、トマト、キュウリ、トウモロコシとのコンビネーションはヘルシー。焼肉の箸休めにはうってつけ。

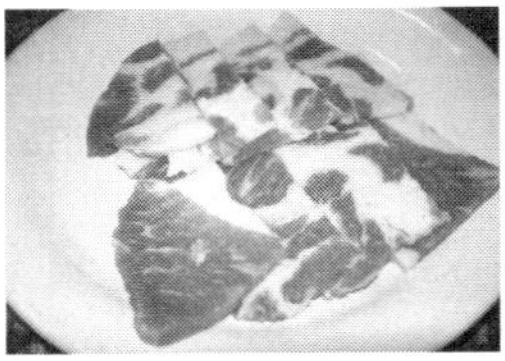
ロース（1460 円）

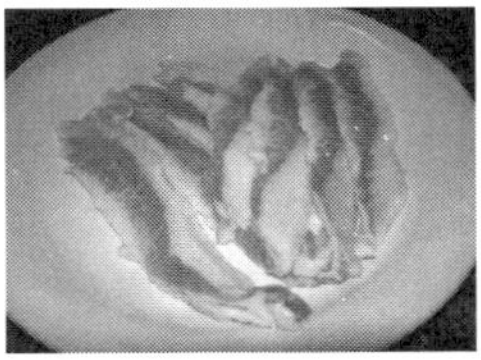
豚トロ（680 円）

バラ（1110 円）

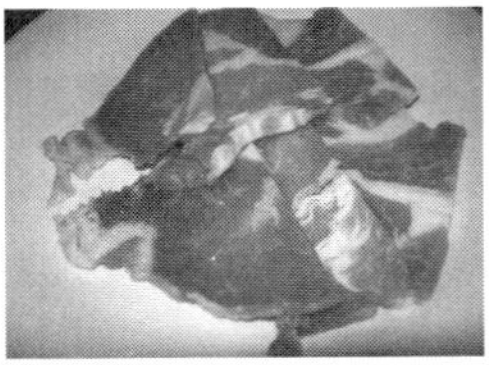
紅あぐーの焼肉ロース
1,020 円

紅あぐーの焼肉バラ
930 円

ヘルシーなあぐーの
冷しゃぶサラダ

紅あぐーの焼肉

バラ肉は、メニューに「脂がのっているのに意外にさっぱり、これぞあぐーの真骨頂」と記されている。まさにその通り。しゃぶしゃぶでも余計な脂肪は落ちるが、焼肉はさらに脂を落としてくれる。そのたびにロースターの炎が燃え盛る。

ロースは見た目も美味しそうだが、コクのある味わいはなかなかのもの。

茸、野菜、豆腐がセットになった盛り合わせ

豆乳と昆布ダシでいただくしゃぶしゃぶ

我那覇豚肉店（那覇市旭橋）

あぐー豚1頭盛り合わせ

（2～3人前6000円）

やんばる島豚あぐーの6部位（ロース、バラ、肩ロース、モモ、ヒレ、ウデ、つくね）がセットになった豪華盛り。6名のメンバーだったので2セット注文したら、親切な店員いわく、「相当ボリュームがあるので、まず一皿食べてから追加したほうがいいですよ」と。

その言葉は正解だった。ビールや泡盛を呑みながらのあぐーのしゃぶしゃぶは、軽快に箸が進む。食べるのに追われ、それぞれの部位、感想を書く暇はなかった。ピンクと真っ白な脂肪のコントラストのみが印象に残っている。

これはお勧めです。

あとがき

ウチナーンチュは亜熱帯性の気候･風土の中で、数百年にわたりアグーとともに生活を営んできたといっても決して過言ではありません。かつて、大方のウチナーンチュの食事はイモを中心とした貧しいものでしたが、節日節日《しちび》（沖縄の行事）には豚肉を摂ることで辛うじて栄養のバランスを保っていました。これはすべてアグーのお陰と言ってもよいでしょう。

また、ウチナーンチュは王国時代の唐ヌ世《とうのユー》、戦後のアメリカユー、復帰後のヤマトゥユーを経験し、現在はいながらにして各国の料理を食べることが出来る国際ユーを謳歌しています。

このように時代の変遷にも関わらず、ウチナーンチュは巧みに外来の食文化を採り入れ活用してきました。が、現在でも沖縄の食文化の中心は、依然として豚肉であることに間違いありません。沖縄そば、ゴーヤーチャンプルー、ソーキ汁やアシティビチの煮付けなど枚挙にいとまがありません。

しかしながら、この伝統的な豚肉（精肉）中心の食文化が今、消滅の危機に瀕しています。社会の構造変化に伴い、食を取り巻く環境は以前に比べると著しく変化しています。年中行事や法事に用いる伝統的な三枚肉、カマボコ、豆腐などが、寿司やオードブルへと替わり、ソーキ汁や中味汁などの家庭的な豚肉料理からフライドチキンやハンバーガーなどへとシフトしています。このままだと先人達が生み出し、現在まで引き継がれてきた個性豊かな郷土料理が消滅しかねません。この現象はウチナーグチ（沖縄語）の消滅過程とよく似ています。一旦消滅すると元に戻すことは至難の業であります。

これからの時代を担う若者たちが、健康的で長寿に関わる食文化を持っていることを誇りにし、好んで伝統料理を食べるような食育や施策が必要となってきているようです。豚肉料理の基本的な部分や伝統の味はそのまま残すことも必要ですが、子供たちや若者が好んで食べるための多少のアレンジはあってもいいと思います。

アグーの消滅から復興へ、沖縄語の消滅から復元へと貴重な体験を経てきたこれらのことを念頭に、伝統的な食文化をいかにして子や孫に引き継いでいくことが出来るのかが問われていると思います。

末筆になりましたが、小著を発行するに当たり、関係者のスケジュール調整や写真撮影に協力していただいた宮里栄徳氏、出版を引き受けていただいた（有）ボーダーインクの宮城正勝社長および編集の喜納えりか様に対し心から感謝の意を表します。

平川宗隆

主な参考文献

青山洋二「昔の田舎正月」『ふるさと物語』新星図書出版　1981年
月刊『青い海』7月号　青い海出版社　1980年
大塚滋『食の文化史』中公新書　1985年
（株）沖縄県食肉センター『創立20年のあゆみ』1992年
加茂儀一『日本畜産史食肉・乳酪篇』法政大学出版局　1976年
ゴールドシュミット『大正時代の沖縄』（平良研一・中村哲勝訳）琉球新報社　1981年
鎌田慧『ドキュメント屠場』岩波新書　1998年
金城須美子「史料にみる産物と食生活」『新沖縄文学』54号　沖縄タイムス　1982年
具志川市教育委員会具志川市史編纂室「具志川市史だより・第14号」1999年
島袋正敏『沖縄の豚と山羊』ひるぎ社　1992年
（株）サン食品『サン食品ブックレットVol・1　OkinawanNoodle』2001年
佐喜真興英『南島説話』名著出版　1977年
下嶋哲朗『豚と沖縄独立』未来社　1997年
新城明久『沖縄の在来家畜　その伝来と生活史』ボーダーインク　2010年
新城真恵『沖縄の世間話・大城初子と大城茂子の語り』1993年
渡嘉敷綏宝『豚・この有用な動物』那覇出版社　1996年

津波高志『ハングルと唐辛子』ボーダーインク　1999年
とんじ＋けんじ『トン考』アートダイジェスト　2001年
戸塚真弓『パリからのおいしい話』中公文庫　1996年
仲井真元楷『沖縄民話集』社会思想社　1974年
中丸明「豚殺しの旅」『別冊宝島・スペイン【情熱】読本』宝島社　1996年
(財)日本食肉消費総合センター『食肉がわかる本』1998年
野地秩嘉『イベリコ豚を買いに』小学館　2014年
比嘉理麻『沖縄の人とブタ　産業社会における人と動物の民族誌』京都大学学術出版会　2015年
古堅宗昌「琉球在来豚の形態と性能」『沖縄博物学会会報第1巻第1号』沖縄博物学会編　1935年
プロジェクトシュリ『カラカラvol.05』2002年
宮城吉通「沖縄在来豚〝アグー〟の復元と沖縄の食文化
『畜産コンサルタント』No407　中央畜産会　1998年
宮路直人『かごしま黒豚物語』南日本新聞社　1999年
山口栄鉄編訳『王堂チェンバレン―その琉球研究の記録―』琉球文化社　1976年
『琉球民話集』琉球史料研究所　1960年
琉球新報社『うない』1・2月号　1998年
琉球新報社会部『戦後沖縄物価風俗史』1987年

平川　宗隆（ひらかわ・むねたか）

博士（学術）・獣医師・調理師・旅食人《がちまいたびんちゅ》
昭和20年8月23日生。昭和44年日本獣医畜産大学獣医学科卒業、
平成6年琉球大学大学院法学研究科修士課程修了、
平成20年鹿児島大学大学院連合農学研究科後期博士課程終了。
昭和44年琉球政府厚生局採用、
昭和47年国際協力事業団・青年海外協力隊員としてインド国へ派遣（2年間）、昭和49年帰国後、沖縄県農林水産部畜産課、県立農業大学校、動物愛護センター所長、中央食肉衛生検査所々長等を歴任。
平成18年3月に定年退職。
現在は公益社団法人沖縄県獣医師会会長、（株）サン食品参与。

著書
『沖縄トイレ世替わり』ボーダーインク　2000年
『今日もあまはいくまはい』ボーダーインク　2001年
『沖縄のヤギ〈ヒージャー〉文化誌』ボーダーインク　2003年
『山羊の出番だ』共著　沖縄山羊文化振興会　2004年
『豚国・おきなわ』那覇出版社 2005年
『沖縄でなぜヤギが愛されるのか』ボーダーインク　2009年
『Dr. 平川の沖縄・アジア麺喰い紀行』楽園計画　2013年
『ステーキに恋して』ボーダーインク　2015年

復活のアグー　琉球に生きる島豚の歴史と文化
2016年2月19日　初版第一刷発行
著　者　平川宗隆
発行者　宮城正勝
発行所　（有）ボーダーインク
〒902-0076　沖縄県那覇市与儀226-3
tel.098（835）2777、fax.098（835）2840
印刷所　でいご印刷
ISBN978-4-89982-291-2